空中庭院和空中花园：

绿化城市人居

[英] 杰森·波默罗伊（Jason Pomeroy） 著

杜宏武 王 擎 译

U0302632

机械工业出版社
CHINA MACHINE PRESS

本书是关于空中人居环境和垂直城市理论的专著，作者从建筑形态和历史分析出发，探讨城市人居从"空间的城市"（a city of spaces）到"实体的城市"（a city of objects）的转变，分析了空中庭院和空中花园在诸多方面的价值，尤其是作为替代性社会空间（alternative social spaces）在现代和当代城市人居中的重要作用。本书继承和拓展了杨经文"垂直城市设计"的理论，提倡融入公共领域社会特征的一种新的混合空间。本书清晰地反映了空中人居环境当前的实践和研究成果，较好地平衡了先锋建筑师的创新活力与学术研究的严谨性之间的关系。本书适合建筑与规划专业的设计师或学生、城市管理者、地产开发人士阅读。

The Skycourt and Skygarden: Greening the Urban Habitat/ by Jason Pomeroy /
ISBN: 9780415636995

Copyright © 2014 by Jason Pomeroy
Routledge is an imprint of Taylor & Francis Group, an Informa business

Authorized translation from English language edition published by Routledge, part of Taylor & Francis Group LLC; All rights reserved.
本书原版由Taylor & Francis出版集团旗下，Routledge出版公司出版，并经其授权翻译出版，版权所有，侵权必究。

China Machine Press is authorized to publish and distribute exclusively the Chinese (Simplified Characters) language edition. This edition is authorized for sale throughout Mainland of China. No part of the publication may be reproduced or distributed by any means, or stored in a database or retrieval system, without the prior written permission of the publisher.
本书中文简体翻译版授权由机械工业出版社独家出版并限在中国大陆地区销售。未经出版者书面许可，不得以任何方式复制或发行本书的任何部分。

Copies of this book sold without a Taylor & Francis sticker on the cover are unauthorized and illegal.
本书封面贴有Taylor & Francis公司防伪标签，无标签者不得销售。

北京市版权局著作权合同登记 图字：01-2017-4276号。

图书在版编目（CIP）数据

空中庭院和空中花园：绿化城市人居 /（英）杰森·波默罗伊（Jason Pomeroy）著；杜宏武，王擎译.—北京：机械工业出版社，2019.4
书名原文：The Skycourt and Skygarden: Greening the Urban Habitat
ISBN 978-7-111-62124-9

Ⅰ.①空… Ⅱ.①杰…②杜…③王… Ⅲ.①城市环境—居住环境—环境设计—研究 Ⅳ.①TU-856

中国版本图书馆CIP数据核字（2019）第092580号

机械工业出版社（北京市百万庄大街22号　邮政编码100037）
策划编辑：宋晓磊　责任编辑：宋晓磊　张大勇
责任校对：刘雅娜　封面设计：鞠　杨
责任印制：张　博
北京东方宝隆印刷有限公司印刷
2019年7月第1版第1次印刷
184mm×250mm·18.25印张·373千字
标准书号：ISBN 978-7-111-62124-9
定价：128.00元

电话服务　　　　　　　　　　网络服务
服务咨询热线：010-88361066　机 工 官 网：www.cmpbook.com
读者购书热线：010-88379833　机 工 官 博：weibo.com/cmp1952
　　　　　　　010-68326294　金 书 网：www.golden-book.com
封面无防伪标均为盗版　　　　机工教育服务网：www.cmpedu.com

致 亚丝明

译者序

从芝加哥学派到纽约的大规模实践，从柯布西耶的现代主义到现今的多元化和全球化，高层建筑经过了上百年的发展，其关注点也从以工程师为主导的结构优先到以学院派建筑师为主导的历史主义、折中主义、现代主义和后现代主义等。近年来环境污染的严峻性也导致高层建筑有迈向绿色和环境可持续性的趋势，而"空中花园"作为其中一种重要的设计手段不仅服务于高层建筑的绿色设计策略，对社会和环境的可持续性的潜力同样具有重要的研究价值。

《空中庭院和空中花园：绿化城市人居》直面上述问题，相对于生态性和绿色设计策略，它更注重从人和社区的公共空间需求来探讨可持续性，是近年来关于空中人居环境和垂直城市理论的一部力作。

本书作者杰森·波默罗伊（Jason Pomeroy）是一位在建成环境可持续设计前沿的获奖建筑师、规划师和学者，他分别于英国坎特伯雷建筑学院、剑桥大学和威斯敏斯特大学获得学士、硕士和博士学位。他是总部设于新加坡的波默罗伊设计工作室的创建人，也是英国诺丁汉大学的客座教授，同时还担任世界高层建筑与都市人居学会（CTBUH）的编委会成员。作为著名建筑师和学者杨经文（Ken Yeang）在剑桥大学的弟子，不同于其导师关注高层建筑的整体式和复杂性的生态设计理论和方法，波默罗伊很早就开始专注于研究空中庭院和空中花园在高层高密度环境里的特殊作用。

在传统公共空间的不断衰退、碎片化和不断私有化的背景下，如何在设计中平衡社会性和自然环境的关系，如何定位空中庭院和空中花园在高层建筑中的重要性和主要作用,如何使其融入城市设计的体系,这些问题仍需要进行深入的讨论。而这也正是波默罗伊所关注的重点:空中庭院和空中花园的社会 – 空间功能,以及如何重新评价现代城市中的开放空间和设施,探索和营造替代性的社会交往空间,尤其是如何推进空中庭院和空中花园建设作为公共空间供给的补充手段以创造社会 – 环境效益。

本书较完整地反映了波默罗伊相关研究的成果。作者遵循历史性的视角循序渐进地进行分析,探讨了公共领域(公共空间)的本质、构成、发展及其衰落和私有化的原因,以及城市人居从"空间的城市"(a city of spaces)到"实体的城市"(a city of objects)的转变,回顾了替代性社交空间的产生。作者从历史传承的视角,结合理论研究,引用世界各地的建成案例来证实空中庭院和空中花园的多方面优点与价值。运用大量案例描述上述新型混合性半公共空间的发展脉络,强调通过把此类空间整合进更广阔的城市肌理中来优化未来空中庭院和空中花园的设计。

除了作为建筑师和学者的设计实践和著述,波默罗伊也参与教学和组织工作坊,他还是电视节目的主持人和美食家,多重的身份有助于他跳出建筑师相对狭小的视线范围从广泛角度看待问题。而他本身东西方结合的血统也使他更容易理解和拥抱多元的文化。在以高层建筑为主要表现载体的高科技建筑和以技术为导向的生态绿色建筑风潮的席卷下,波默罗伊并没有丢失以人为核心的这一重要的可持续观点,通过系统的分析,揭示和拓展了高层高密度环境下公共空间的重要性和新的可能性。

　　我国改革开放后的几十年时间，伴随着经济和城市化快速发展，爆发出巨大的建设量，极大改善了城乡面貌和人居环境，但不容忽视的是，批量化快速建造也造成建筑类型的缺失和建筑形式的单一，尤其是大量性建筑，如住宅、办公楼等；同时，公共空间和公共生活的缺失更是不容忽视。在我国城市较为普遍的高密度环境背景和迫切的可持续发展诉求下，具有生态功能和社会－心理等价值的绿色公共空间在城市人居中扮演着不可替代的角色，空中庭院和空中花园作为这类空间的替代和补充，也是城市设计新的语汇，值得我国城市尤其是气候适宜的亚热带大中城市认真研究和借鉴。

　　应该指出的是，亚洲城市大量建设高层甚至超高层建筑，有其发展阶段和经济社会的复杂背景。以往国内探讨高密度城市时，往往强调人多地少，把大量建设高层建筑看作高密度城市的直接诱因，甚至是唯一诱因，这一方面忽视了垂直城市建设的自发性、主观性动因，也忽视了发展多样性城市形态的多种可能性，忽视了通过合理设计降低感知密度的可能性，如本书中列举的香港和巴黎的密度和感知密度对比案例。因此，读者应该以批判性的视角谨慎地借鉴和学习本书提供的原型和案例。

　　原著在写作及 2014 年英文原版出版时，书中收录的一些案例还在设计或建造，截至目前，这些案例有的进入建设阶段，有的已建成。为了不引起原文编排混乱，译文统一按原文的案例说明标注设计和在建状态，特此敬告读者。

杜宏武　　王　擎

译者简介

杜宏武，现任华南理工大学建筑学院、亚热带建筑科学国家重点实验室教授，博士生导师。分别在东南大学、华南理工大学获本科、硕士、博士学位。主要从事高密度环境、住区及城市公共空间研究。

王擎，荷兰注册规划师，华南理工大学建筑学院、亚热带建筑科学国家重点实验室博士后。分别于华南理工大学、荷兰代尔夫特理工大学、香港大学获得本科、硕士、博士学位。目前主要从事长效住宅和城市设计研究。

本书目录、序、自序、第1章、第2章2.1~2.4节、第3章3.1~3.2节、作者简介由杜宏武翻译，第2章2.5~2.9节、第3章3.3~3.4节、第4章由王擎翻译。感谢甄穗豪、李燕、唐云、孙亚峰、舒嫣、林佳昕、王思远等的辅助工作。

基金支持：

亚热带建筑科学国家重点实验室出版资助；国家自然科学基金项目"紧凑型住区休憩空间价值的量化研究——基于珠三角住区规划控制与设计视角"，项目批准号：51378209；中国博士后科学基金第63批面上项目"基于长效建筑理论的住宅评价研究——以珠江三角洲为例"，项目编号：2018M633050；广州市哲学社科规划2019年度课题，项目编号：2019GZGJ19。

序

公共空间，如街道和广场，许多世纪以来一直作为社会性平台支持社区日常的公众需要。它是物质产品、知识、秘密、运动、文化、思想性或政治性信息的"传递"或"传播"的媒介。然而，社会变迁加剧了公共空间的消耗，也加速了其私有化，进而催生了替代性社会空间，这类空间开始在城市人居中发挥更大的影响力。半公共空间，作为城市混合建筑功能的体现，数个世纪以来发展出一系列新的社会空间类型。这些空间具有那些成功的公共空间所具备的某些品质——那些体现个性的令人难忘的场所；可以塑造"户外房间"的某种连续的界面或者某种围合感；治安和维护良好、有利于社团和谐共处的环境；交通便利、易于识别并能适应不断变化的社会、政治和经济的需要；以及使用和功能的多样性。

该书认可空中庭院和空中花园在社会、经济、环境和空间方面给予城市人居的益处，强调空中庭院和空中花园拥有成为"替代性"社会空间的潜力，能够形成某些更广泛的多层次城市开放空间系统，可以弥补城市人居环境中开放空间的损失。无论是空中庭院还是空中花园，两者整合进建筑物中，几乎就像是诺利（Nolli）所绘传统平面图垂直旋转后生成的剖面图。该书尝试说明半公共空间如何能被纳入高层建筑，并适当地置于一个开放空间的等级体系中。这个体系能营造如同地面的基本场所空间，也能在地面缺乏这些半公共空间的情况下，运用垂直旋转推导法在空中把它们营造出来。该书还提倡融入公共领域社会特征的一种新的混合空间，作为面向 21 世纪的替代性社会空间整合进私有建筑物中。

该书是一本有价值的著作，它很好地拓展了高层建筑应体现"垂直城市设计"，并在空中营造公共场所的观念（Yeang，2002）。该书质疑了许多摩天大楼的建筑师们通常持有的观念，这些建筑师仍继续设计和建造很多层匀质楼板一层层堆叠的高层建筑。在带给工程师们系统性的便利和经济效益的同时，这种观念的设计是标准层看似无休止地重复堆叠，从而造成高层建筑常有的负面声誉。波默罗伊的这本书把空中庭院和空中花园看作置于"楼层之间"的空间，从社会、经济、环境和空间的益处加以讨论，这对于使城市人居更为人性化至关重要。人们或许认为这是一本未来主义的书，其实许多关于在高层建筑生活中营造和提升活力与快乐的想法目前是可以实现的。城市人居环境里高层建筑的建筑师、开发商和学者可以从该书中学到很多东西。

杨经文 博士，2013 年

自序

本书的萌芽始于我在剑桥大学读硕士期间的研究。该研究涵盖空中庭院和空中花园的社会－空间功能，尤其是公共领域不断私有化如何迫使人们重新评价现代城市中的开放空间和设施。后来，我在新加坡创立设计公司并持续开展相关研究。新加坡这个城市国家的高层高密度特征很契合这样的研究课题。新加坡为不少正在寻求绿化其人居环境的发展中全球城市创造了一个著名的范例。新加坡因其地处岛屿的空间约束，再加上其预测人口将从 2011 年的大约 500 万人增长到 2020 年的 600 万人，已导致城市持续竖向高密度化。给移民人口提供住宅所增加的密度，以及满足金融服务业扩张的经济前景所需的土地供给，导致其政府运营的城市更新项目与从市中心搬迁大多数当地人口密切关联，也导致令人厌烦的高密度居住街区，相似于勒·柯布西耶的现代城市设想（Tremewan，1994）。

尽管如此，新加坡探索了替代性的社会交往空间，近年来推进空中庭院和空中花园建设作为公共空间供给的补充手段以创造社会－环境效益。根据高层建筑与都市人居学会（the Council on Tall Buildings and Urban Habitat）的安东尼·伍德（Antony Wood）的说法，新加坡的城市形象提供了可能是"世界上任何地方最接近城市乌托邦的现实"（Wood，2009）。正因为如此，我们在本书中看到的许多研究案例都来自新加坡。这些案例与全球其他案例中都包含"空中庭院"和"空中花园"这样的新型城市建筑语汇。本书力图平衡先锋建筑师和设计师追求创新的活力与学术研究的严谨性两者之间的关系，前者在建筑设计中的开放空间寻求新的混合形态，后者用来证实空中庭院和空中花园在高密度人居环境中的参照价值。

　　本书第 1 章题为"文明、社区和公共领域的衰落"，把城市的传统文脉看作民众交流和互动的背景，试图说明户外"公共空间"的意义，定义"文明"和"社区"的概念，厘清哪些东西构成了"公共领域"以及造成其衰落的原因。这引导我们思考城市人居的物质变迁：从为社会交往和交通服务的空间主导下的城市，转变为以应对不断变化的社会 – 经济需求而由建筑实体主导的城市。这也突显了城市化进程中随之而来的城市绿地的逐渐衰落，让我们探索高密度化过程中开放空间丧失所造成的社会 – 环境后果：对社会交往机会的忽视阻碍了"社区"塑造；城市绿地丧失危及生物多样性并扩大了城市热岛效应。第 1 章的结尾回顾了替代性社交空间的产生，这类社交空间的营造被用来响应城市人居环境的变化；讨论了这类新型环境如何能够拥有像私有物业中的半公共空间那样的普遍特质——提供被社区使用的机会，但终究是有特别社会限制的预设空间。

　　第 2 章题为"定义空中庭院和空中花园"，强调此类环境如何成为扩展的城市空间语汇，用以响应不断增长的高密度化和对替代性社交空间的社会需求。本书定义了作为过渡空间和目标空间的空中庭院和空中花园，以此对比了 18 世纪庭院和 19 世纪拱廊这样的早期先例；涉及通过立法以削弱感知密度所采取的措施，突出了将其纳入建筑物内带来的某些社会 – 环境利益。引用世界各地的建成案例来证实空中庭院和空中花园的优点，这些优点涵盖社会问题（如空中庭院如何成为以社区为导向的空间）、环境问题（如它们如何有助于吸收有毒污染物和通过引入植物削弱城市热岛效应）、经济问题（如它们被用作观景平台时如何产生收益）。

第 3 章题为"全球案例研究"，收录了很多引入空中庭院和空中花园作为建筑设计有机组成的项目。每个案例均包括一段简短的文字介绍，伴随着一系列技术图、图表和照片。每个项目均配有平面和剖面图解，用以解读开放空间和建筑物的关系。每个案例的结尾以照片反映建筑物及其周边环境、空中庭院及其使用的细节。总共 40 个研究案例来自欧洲、北美、中东和亚洲，特意分为四个部分以证实这种新的混合空间类型的演变，即：

- 建成项目（建筑及其空中庭院投入使用后的案例）
- 建设中的项目（在建但尚未投入使用的项目）
- 设计中的项目（项目的开发处于设计阶段）
- 未来展望（学生和学者们对未来城市人居的设计构想）

第 4 章题为"迈向垂直城市理论"，提出了"思维提示"，通过把此类空间整合进更广阔的城市肌理中来优化未来空中庭院和空中花园的设计。现有建筑物的屋顶被看作未来的机会，用于应对高密度化、促进社会交往以及发展都市农业等，这些都和新型垂直城市密切关联。本章最后认为，在"追求可靠性的时代"和循证设计思想日显重要的趋势下，这类空间的设计将以更客观的方式得以推动。比如，引入空间句法作为一种预测人流交通在空间穿行的理论工具，以及通过绿色容积率法测量城市绿量的方法。这些都有助于营造更适宜的空间，并将进一步有助于营造更成功的垂直社区和拥有更多绿化的城市人居环境。

　　这就顺理成章地得出我们事务所倡导的"3D"观念，即 Distil（提炼）、Design（设计）和 Disseminate（传播）。如果把这三个词联系起来看，那就是：从历史中"Distil（提炼）"经验并应用于当下的"Design（设计）"，然后能够"Disseminate（传播）"知识给后人。

　　我还要感谢那些为现在和未来几代人做设计的人们，并对那些允许我们在案例研究中收录他们作品的创作者表达最诚挚的谢意。最后，我要感谢我的团队，他们帮助我通过本书传递了上述观念。特别感谢伊丽莎白·西蒙森，安·安·阮，大卫·卡尔德，菲尔·奥尔德菲尔德，克洛伊·李。最后，当然是最重要的，感谢杨经文博士——我的导师，他为众多在城市人居领域从事可持续高层建筑设计的建筑师们提供了创作的原点。

杰森·波默罗伊　教授，2013

目　录

文明、社区和公共领域的衰落

第 1 章　文明、社区和公共领域的衰落

滨海湾金沙大堂（安·安·阮拍摄）

1.1 公共领域、文明和社区

"公共领域""公共空间"和其他各种相近的表达方式在我们日常用语中早已司空见惯。这会引导我们想象能够自由地表达个人想法的社会环境，去想象通过约会、交易、聚集、庆祝或只是简单地穿行来进行互动的空间环境（图 1）。罗马人所理解的公共领域，代表了一切正式的和官方的立场，是国家治理和国家利益的代名词。学者理查德·森内特（Richard Sennett）表示，公共领域意味着"那些在家庭纽带或私人关系之外建立的相互承诺与联系的纽带，这种纽带关乎一群人、一个种族、一个政治组织，而非家人或朋友"。

哲学家尤尔根·哈贝马斯（Jurgen Habermas）所提出的"公共领域"观念，强调公民社会能就公共事务进行聚集辩论的自由，在一个公共的、具有包容性、忽略了个人身份的平台上实现。"在与专制国家的神秘性和官僚主义的冲突中，新兴资产阶级的出现造就了一个人民通过知情权和批评权公开监督国家权力的公共领域，并逐渐取代由统治者代表人民的公共领域。"（Habermas，1989）。

学者彼得·格·罗（Peter G. Rowe）表示，公共领域的成功源于其多元化的本质，它不需要迎合公民社会或国家的奇特观念，而是体现出一种先验的特征，允许这两者通过良性的"领域性张力"来分享空间，并承认对方的存在。"这种信念认为只有基于公民社会和国家之间的政治—文化划分，公共领域中的城市建筑才能建得最好，尤其是当公民社会和国家这两个领域的范围能够同时延伸——上至文化层面的崇高目标、下达边缘化的特定族群的需求和期望时"（Rowe，1997）。

很多世纪过去了，尽管我们与其他市民互动和联系的方式有所发展，但在公众面前保持文明的观念依旧存在。对人与人之间联系纽带的日常要求可以被描述为文明——这是一种行为准则，它保护处于公共领域的个人免受不必要的、可能对他人和自身都是有害的人格披露。森内特（Sennett）将文明定义为一种面具，它能使自身与他人适当分离而实现交往和互动，也能充当保护私人感受的盾牌。它可以是正式的、礼貌的、甚至是礼仪性的，用来标记社会的联系纽带。在过去，维持文明的面具意味着公开的表达行为都是有意为之，用以保持距离且不表露个人的真实感情。公民社会中的这些行为准则和共识参与塑造了当今我们生活的城市环境（Sennett，1976）。

街道和广场是公共领域的传统表现形式，也是公民社会中的文化形态、政治实践和社会冲突的焦点。它们主要由国家拥有和管治，为市民提供了一个社会参与而不须担忧个人品格被披露的环境；它们产生于公共（国家）和私人（公民社会）之间不可避免的紧张关系，将空间转变为场所。街道和广场如同公民社会和国家之间进行社会互动的舞台。广场造就了自发性的社会和文化体验的多样性，一种能适应社会、经济、政治观念变化的多样性利用。广场是"城市生活的微缩宇宙，提供了激情与休憩、市场与公共庆典，提供了认识朋友和观察世事变化的场所。它们由流行的奇思妙想、地形地貌以及建筑风格所塑造"（Webb，1990）（图 2）。

可以说，为汇聚公民社会和国家利益提供机会的公共领域，也同样为社区需求提供合适的空间。社区可被定义为居住在同一地区或拥有相同宗教、种族、职业或兴趣的人群。学者大卫·麦克米兰（David McMillan）和大卫·查维斯（David Chavis）将社区感与拥有边界、情感安全、归属感、认同感、个体投入和共同符号系统联系起来（McMillan, et al, 1986）。广场、办公室、会所或咖啡馆等，总是不变地指向建成环境（如，"公社"commune，"社区中心"community centre、"社区之家"community home），这尤其显著地体现在社会群体与营造社区感所需的空间或建筑之间的内在联系上。这样的环境为志趣相投的人提供了互动的机会，从而通过偶发的交易活动与共同在场培养出社区感与认同性。社区不应受到地理位置的束缚，好比"聊天室"或"跨空间社区"⊖ 这样的虚拟社区，它们独立于场所之外，是个人与一个机构、群体或组织所建立联系的一部分。

锡耶纳（Siena）的坎普（Campo）正是一个充分发挥上述公共空间特征的例子，它根据不断变化的社会、政治和文化维度进行了数个世纪的调整，以便持续地将自身定义为属于公民的、难忘的场所（图 3）。它的成功很大程度上归功于一种不迎合公民社会的奇想、也不追求像国家级空间那样的气势恢宏的设计。相反，它是一个关注社会中不同群体对其意义和使用的敏感性的场所，而且没有任何偏见或边缘化的做法。这样的中立性让坎普保持了功能的多元化。坎普是一座神职人员在此讲道的露天教堂，是一个政治论坛和举行典礼的场所，它是定期的集市空间和社交互动的目的地。这里还是举

图 1　街道和广场作为展示公众意见的论坛：雅典，宪法广场（Syntagma Square）的政治集会（安雅·皮祖吉娜拍摄）

图 2　广场作为公民社会和国家之间互动的舞台：威尼斯，圣马可广场（Piazza San Marco）（刘雷顿拍摄）

⊖ 跨空间社区——独立于空间之外的关系。例如：一个俱乐部或宗族的成员资格，或者大学的客座职位。

行许多锡耶纳传统体育项目的地方，如普格纳⊖ 或帕里奥赛马节⊖。这种空间灵活性的实现需要由城市三大群体合作的控制系统：政府与官员、公民社会（由贵族和特权阶层组成）以及其他属于中产阶级和工人阶级的锡耶纳公民。这种三方的合作是动态的——随着政府的更迭以及名门望族的兴衰，当地居民社团会掌握不同的权力和地位（Rowe，1997）。尽管存在着不确定性，但公民社会与国家之间强有力的关系带来了整体的连续性，两者相互依存的信条反过来激发了集体认同。

　　在当代案例——巴塞罗那城市计划项目（图4）中，也能看到公民社会与国家联合创造了一个成功的公共空间。从西班牙内战结束到1975年去世，弗朗西斯科·佛朗哥（Francisco Franco）法西斯式的独裁统治表现出与西班牙经济、社会和文化的转型之间的截然对立，这实质上是通过培育迅速成长的外国投资项目和自由的学术氛围产生的、受西欧影响的民主化过程（Rowe，1997）。在佛朗哥执政期间，加泰罗尼亚（Catalan）地区无法得到支持，任何形式的地域文化诉求都不被鼓励。可以理解的是，随着民主时期的到来，加泰罗尼亚的地域性认同得到恢复，后佛朗哥时期形成的新的政治实体成为民族主义复兴的制衡力量。"因此，在围绕着类似于开放空间项目的争议中，存在着统一力量（归属于西班牙）和某种分离独立力量（认同加泰罗尼亚）之间的冲突关系"（Rowe，1997）。这导致一种公民社会与国家之间的良性矛盾，有助于巴塞罗那城市计划的

图3　广场作为集体认同的象征：锡耶纳，坎普（刘雷顿拍摄）

图4　广场成为国家抱负与民族团结相结合的象征：巴塞罗那城市计划项目（拉韦特莱特与里伯斯建筑师事务所提供）

⊖ 普格纳（Pugna）是两个竞争性邻里之间的一种竞技比赛，一方参赛队通过将另一方推出广场而获胜。
⊖ 帕里奥赛马节（Palio）是一种可追溯到中世纪的著名赛马活动，赛道需穿过锡耶纳的城市街道和某些节点。

实现。对多样性的承诺将在当地项目的社会安排和表达中不断证明，而这往往由公民社会中各团体的愿望所驱动。最终建成的一系列公共空间，既满足了（加泰罗尼亚地区和西班牙）国家统一的政府意志，又满足了加泰罗尼亚地区在后佛朗哥时期强化自身文化认同的愿望。

历史和当代两个案例都证明了公共领域为政治、文化和社会生活服务的能力，反映了公民社会和国家之间持久的相互关系。通过这种方式，锡耶纳人和加泰罗尼亚人各自在这些公共领域逐渐融入了场所感、归属感、认同性和公民意识。然而，街道和广场这样的传统公共领域日益受到人类的物理建构和短视观念的双重威胁，这需要我们思考社会因果关系以便理解城市人居中的空间内涵。

1.2　公共领域的衰落与空间的私有化

世俗主义、工业资本主义、人口增长和技术进步被认为是造成公共领域衰落以及随之而来的空间私有化的主要成因（Sennett，1976；Hall，2002；Lozano，1990；Kohn，2004；Madanipour，2009）。森内特认为，公共领域的缓慢瓦解部分归因于世俗主义的兴起（Sennett，1976）。他认为，通过现代心理学来理解个体的人格和情感变得比先验的教条更重要，这转而促使人们通过追寻事实和成因来解释无形或未知。这样，通过揭示其文明面具背后的本质，人的外在表象和行为就可被研究和理解。公共领域成为个人表露和个性自由表达日益能被接受的场所，成为其他人可在此体验和观察私密的、个人的情绪或情感展现的场所。在这种情况下，公共领域产生了分化——那些对表现个性和情感感到适应的市民成了演员；而那些害怕不必要的个性披露、对个人展示感到不适应的市民则变成了观众。森内特认为，社会对通过审视衣着和行为来理解人们个性的依赖越来越强，使得人们默默地退缩回家中来寻求安慰，以避免在公共场合泄露自己的真实情绪。对揭开文明面具的恐惧——这是通过披露个体的真实人格甚至经历对他人的披露所产生的——导致了公共领域的衰落，因为社会中的个体退回了舒适和安全的私人领地（Sennett，1976）。

在那些会发生个人互动的场所中，比如集市摊贩和市民进行买卖活动的市场（图 5），还同时会受到另一个因素的影响：工业资本主义（Sennett，1976）。交易过程毫无意外地符合类似的文明准则，公众的情感表现实际上仍然是面具。在表面上，市场的交易者也许会在一个特定的交易中表现出冷漠的情绪，但事实上他们很可能隐藏了对收益的满足感。新型工业生产方式的出现，先进的会计、信贷和投资方法，以及现金经济的扩大，见证了业务流程合理化，也变得越来越没有人情味。机械化生产手段的引入让商品生产变得更快更便宜，从而提高生产率。固定价格否定了讨价还价的必要性，从而提高销售速度与周转率。通过大规模生产增长的利润率无可避免地导致市场贸易及其相关传统的消失，进而减少广场这样的公共领域内的活动。社会对人格和大规模生产消费品的投入，会对个人日益退出公共领域的互动产生社会反响，这也会在寻求替代性社会空间中产生空间反响。在后文我们会看到，这种替代性社会空间允许新兴中产阶级群体共同使用。

　　人口增长以及随之而来的城市密集化对我们在公共场合的互动产生了进一步的影响。勒·柯布西耶（Le Corbusier）在清除巴黎奥斯曼表皮（Haussmann facade）背后的贫民窟和疾病时，采用了自相矛盾的方法，即通过增加现代高层建筑的密度来缓解城市中心的拥挤感。这些建筑物将包含"优秀的人性细胞，能最完美地匹配我们的生理和情感需求"，但同时也允许汽车优先于行人（Hall，2002）（图6）。战后欧洲和世界各地的优秀建筑师，他们为解决贫民窟问题，很大程度上借用了柯布西耶的概念，造就了高密度发展的大量遗产，而土地价格和人口出生率的不断增长又导致城市过度拥挤。"很多大城市情愿挽留自己的市民，而不是将他们迁移到新的或扩张的城镇。它们把上述观念作为建设高层与高密度的指引"（Hall，2002）。当今城市有公共设施的支持，在最好的情况下，能够将大众重新安置在卫生的、高密度的环境中，这主要归功于柯布西耶的早期愿景，但同时也标志着公共空间的死亡。这样，室内街道和室外高台广场这样的新型社会空间如何被社区使用，就引起越来越多的关注。那些习惯于低层城市环境（其公共空间能让人们偶发性互动）的社会群体和完整邻里，正被解体并搬迁到高层城市环境中。这些曾经聚集在一起洗衣服、分享日常活动或只是在街上玩耍的群体会发现，这种能激发社区公共活动和自发性邻里交往的极具空间性的机制，正在社会和空间两个层面深刻改变。

　　城市设计师爱德华·多洛扎诺（Eduardo Lozano）

图5　伊斯坦布尔，香料市场（The Spice Bazaar）：集市摊贩和市民（刘雷顿拍摄）

图6　巴黎，伏瓦生规划（Plan Voisin）：勒·柯布西耶对巴黎清除贫民窟和城市致密化的回应（2013年巴黎图片银行）

认为，技术的发展进一步导致了"城市生活和社区的解
体……，以往人们在街道、广场和公园中所发生的接触很
多被阻隔；浪漫活动已被单身酒吧或网络约会平台所取
代"（Lozano，1990）（图 7）。多洛扎诺声称，公共
领域的衰落是对技术进步的妥协，建筑创作的专业实践
与传统的人居建设文化实践之间存在分离现象，后者的
实践以人们生活、工作和玩耍的特定社区的建设得以实
现。我们可以看到，人们越来越依赖需要耗能的人工照
明和空调，这改变了我们的生活和工作模式，而且加剧
了人们与开放空间、绿地（这些能够通过共同在场营造
社区感的环境）之间的隔阂。虚拟领域更进一步减少了
在公共场合互动的需求，因为人们可以舒服地待在住宅、
办公室等私人领地，通过一台笔记本式计算机与世界上
最遥远地区的某个人、团体或组织相联系。由于公共文
化和集体归属都依赖于远程实现，书籍、杂志、电视和
音乐等载体使人们对能够偶遇交往的公共场所的需求进
一步降低。

图 7　虚拟空间：一种利用技术手段、无须物
理接触的交往空间（波默罗伊工作室提供）

　　上述的四个因素导致空间私有化的日益增长，公共
领域因管理者的私有利益而被剥夺。学者玛格丽特·科
恩（Margaret Kohn）认为空间私有化，是一个商品化
过程，在"某物变成了可以买卖的商品"时产生。在她《勇
敢的新邻里》一书中，科恩将同时具备公共和私人领域
特征的环境定义为社会空间——"一个将人们聚集在一
起以达到消费目的的地方"（Kohn，2004）。她认为，
社会空间是一个私有化的结构，尽管在言行方面有规则
和限制，它仍鼓励人们像在公共场合那样聚集和互动。
例如，把特定社团成员及其活动排除在社会空间之外，
会导致团体的隔离，也意味着对民主权利和民主进程的
侵蚀，这会损害自发性活动和生活体验的产生（Kohn，
2004）（图 8）。

图 8　零售购物中心：一种体现公共领域特征
的私有化空间（杰森·波默罗伊拍摄）

学者阿里·迈达尼普尔（Ali Madanipour）也同样探索了空间的商品化，尤其是房地产市场力量如何加速不同收入群体和社会阶层的社会空间分异。这"导致不同的空间可达模式，以至于在空间组织和城市景观上的差异性变化。任何存在着去空间商品化趋势的地方，就像战后的社会住房计划一样，城市规划师和设计师们都认为某种程度的空间分化仍会盛行"（Madanipour, et al, 1998）。这产生了商品（空间）获取的差异性，甚至会更依赖于规划过程和设计来调控空间生产，从而出现"差异的集体化或互相排斥，形成富人的飞地和穷人的新贫民区"（Madanipour, et al, 1998）。

房地产市场力量同样将更大的城市责任让渡给私人开发公司的项目规划中。这进一步强化了空间的私有化，以确保投资利益最大化与维护成本最小化，从而保障私人利益。由私人公司所经营的共同管理空间，可能通过打击犯罪和蓄意破坏来应对市场压力，也可以通过保洁和设施维护服务满足消费者的期望。但是，这些共同管理空间可能会缺乏那些能促进社会融入（这通常与公共空间关联）的自发行为、可达性和通行的自由（Madanipour, et al, 1998）。公共空间日渐被侵蚀和私有化空间的日益增多，引发人们对如何调节这样的"社会空间"的关注，以及言行是否应受到与私人空间相同的某种控制。这也促使我们思考因社会变化而产生的空间后果，尤其是（其形态特征）从开放空间的城市到实体建筑的城市这一转变。

1.3　从空间的城市到实体的城市

建筑师朱塞佩·诺利（Giuseppe Nolli）1748 年所做的罗马都市规划彻底改变了我们以图形表达城市的方式。将私有建筑以实体图形涂黑的图示方式，揭示了街道、广场和市政建筑所具有的独特开放性和公共性。这种方式被普遍接受，也就是后来我们熟知的图底关系平面——以此建立起与相邻实体空间和虚空间的层级。其不仅仅限于城市规划层面，还可收缩或扩展到其他层级，以帮助解读内外空间的关系。对比 18 世纪至今的图底分析图就可以清楚地发现，象征性的公共空间缓慢地消亡，并被私人建筑物所取代，这在白色（代表空间）到黑色（代表建筑实体）的图底转换后尤为明显（图 9）。

由于世俗主义、工业资本主义、人口增长、技术进步或上述因素的综合作用，通过公民社会互动而产生的变化，随之对城市空间产生影响。这些因素以及日益复杂的社会规范，意味着空间的城市需要接受替代性空间以迎合社会、经济和技术的变化。到 18 世纪中叶，"公共空间毫无疑问地转化为私人空间，这个转化正式代表了公共财产终结的开端"（Dennis, 1986）。直到 18 世纪，空间的城市被由外而内地决定。林荫大道、街道和广场这样合理的虚空间充当了户外场所，这些空

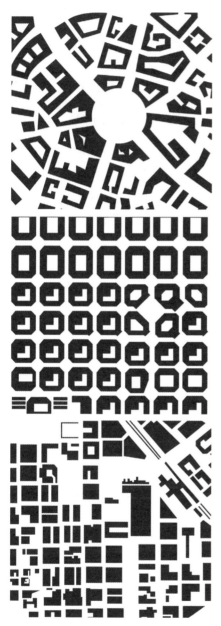

图 9（从上至下）　18 世纪罗马广场；19 世纪巴塞罗那；20 世纪波特兰（波默罗伊工作室提供）

间决定了城市规划，并为有计划的社交互动或偶然相遇、交易和商务、政治活动、宗教或文化活动等，提供了载体。同时，建筑的实体形式作为填充要素容纳了城市特质。这样的公共生活庆典，通过广场这个舞台场景，再次确立了（公共）空间相对于（私有）建筑实体的主导地位。

　　然而在 18 世纪中叶，对更多住房、改善的公共设施和交通基础设施的需求，从内到外地确定了城市空间，建筑物内合理的实体结构核及服务设施开始支配规划，虚空间成了剩余的可居住空间。独立的私有建筑导致公共领域进一步衰落，到 20 世纪时这一转变最终完成。独立的私有建筑坐落在开放的、无差别空间内，这成为吸收城市特质的手段。现代的实体城市是传统城市的对立面，表现出实体超越空间的支配地位和公共领域的衰落（Rowe, et al, 1978）。城市学家柯林·罗（Colin Rowe）和弗瑞德·科特（Fred Koetter）对传统和现代城市完全相反的图底关系的描述，清楚地总结了这种物理性变化："一种几乎完全是白色的，另一种则几乎都是黑色的；一种是主要由'虚空'决定下的实体的累积，另一种则是主要由实体操控下的'虚空'的累积；在两种案例中，基本的'底'发展出完全不同的'图'：一种是实体，另一种是空间"（Rowe, et al, 1978）。

　　从工业时代向技术时代的转变中，实体城市内的高层建筑物成为诱人的投机性产品——这是因地价上涨及产出更满意的经济回报而优化土地利用的后果。它们同时也成为一种展示个人、公司或城市实力和声誉的方式（Sudjic, 2005）（图 10）。从 20 世纪 20 年代到现在的高层建筑，能看到人类想要不断接近天空的渴望。越来越多的大胆尝试用于建造高层建筑，以迎合媒体、开发商、所属城市和国家都有的最大程度的好奇心（CTBUH, 2012）。根据高层建筑与都市人居学会

（CTBUH）的资料，到 2020 年之前，很可能我们不但会见证世界上第一座千米高建筑，而且会看到数量可观的 600 米（约 2000 英尺，是埃菲尔铁塔高度的两倍）以上高层建筑的完工。在哈利法塔于 2009 年完工之前，如此高的建筑物亘古未见。然而到 2020 年，世界上至少会有八座这样的建筑。因此，"超高层建筑"（超过300 米的建筑物）这一概念已不足以描述这些建筑物，继而我们进入了"极高建筑"的新纪元。"极高建筑"已经成为 CTBUH 用来描述高度超过 600 米的建筑物的正式用语（CTBUH，2011）。

图 10　吉隆坡，双子塔：一个国家的经济增长的象征（阿拉姆·达乌迪拍摄）

　　高层建筑不仅由高度来定义，同时也根据其环境影响来考虑，它们对气候变化的影响日益加剧，也成为资源极为密集的建筑类型（Roaf，2010）。学者达里奥·特拉布科（Dario Trabucco）和菲利普·奥德菲尔德（Phillip Oldfield）根据能源利用的五代划分定义了高层建筑类型。其中包括美国 1916 年的区划法，该法规定了建筑比例和"退缩"，以改善街道的自然采光和通风条件。随后 20 世纪 30 年代幕墙出现，建筑外观的承重砌体转变为幕墙。为了回应 20 世纪 70 年代的能源危机，更高能效的幕墙系统得以发展，随后 20 世纪 90 年代人们环保意识被唤醒，高层建筑中的被动和主动通风系统得到更多考虑（Oldfield，et al，2008）。进入新千年以来，计算机软件对造型生成的影响越来越大，以往人们无法在纸面上绘制的东西可以在计算机屏幕上直观可视地实现。学者卡雷尔·沃勒斯（Karel Vollers）寻求为扭曲变化的高层建筑形式做分类研究（Vollers，2009）。这一研究再次证实了流行的范式，从楼板的堆叠操作（学者查尔斯·詹克斯，所说的通用型高楼完全相同的重复）转向结构和表皮重复，然而是动态和不断变化的自相似结构形式（Jencks，2002）（图 11）。

高层建筑也不再限于办公或住宅这样的类型。以往功能单一的建筑类型，吸收了紧凑城市的特征，越来越多地采用竖向多功能混合使用方式。紧凑型城市作为致密的城市化缩影，优化了各种土地利用的密度，融入了高效的交通基础设施。这被经济合作与发展组织（OECD）视为可持续发展的首选手段（OECD，2012）。这主要是因为紧凑型城市能够保留现有绿地，否定分散化的城市蔓延，因为城市蔓延将导致能源和资源过度消耗，并且严重依赖交通基础设施的延伸。混合功能的塔楼将在未来有力地证实，通过其竖向的重新诠释能够抵御土地升值（这是由于市中心用地耗竭导致）和房地产行业的经济衰退（Watts，2010）。2011 年，30% 的 200 米以上高层建筑为混合用途或旅馆（前者占 24%，后者占 6%），合计约占当年建成的高层建筑总数的三分之一（CTBUH，2012）。

图 11　伦敦圣玛丽斧街 30 号：采用"自相似"的方式挑战完全相同重复的高层建筑形式（安·安·阮拍摄）

由于形态非凡的高层建筑成为一个地区经济发展成果的一部分，也就不难理解在其历史发源地美国之外，高层建筑是如何发展起来的。2011 年，中美洲、北美和欧洲合计建成了世界上 200 米及以上高层建筑的 22%，亚洲当年建成 48% 而占大多数（CTBUH，2012）。

经济增长极从西方发达国家转向东方发展中国家，这种变化能够从诸如雅加达、马尼拉、吉隆坡等亚洲城市的实体面貌直观看出。这些城市蓬勃发展，其城市密度增长表现出与以往东京、香港和新加坡没有多少差异（图 12）。在亚洲的城市文脉下，密集往往以高层建筑的形式出现，这通常被当作是解决空间匮乏和城市化的灵丹妙药。然而，莱斯利·马丁爵士（Leslie Martin）等人的研究表明，有多种（更经济）的手段获得更高的密度，尤其是探索中低层高密度空间类型，如庭院或阳台（Martin，et al，1972）。实体城市的规划后果会形

图 12　香港的天际线：高楼标志着这个岩石小岛的经济繁荣（阿迪森·加西亚拍摄）

成一种冒风险的态度，因其否定了空间在城市人居环境中发挥的重要作用，也否定了应对开放空间消耗的思考。

1.4 开放空间的丧失及其社会－环境后果

实体的城市超越空间的城市而占据主导地位，伴随着一系列新技术的探索和应用，这导致公共空间日益匮乏。钢结构、电梯、空调系统和照明系统都服务人类来建造更高或更宽阔的楼层。这就改善了空间对砌体承重的依赖、竖向交通对楼梯的依赖、通风和采光对外窗的依赖。在世界上大多数发达国家，依靠这类建筑设备的运转和能源密集的建筑元素，已成为我们日常生活的常态和几乎密不可分的部分。自相矛盾的是，这种依赖不仅对高层建筑的建造和运行成本有经济影响，而且对居住者也有损健康和幸福感。

研究表明，压力、无聊、烦躁和其他心理状况往往与高密度建成环境的不良设计有关，因为这种设计"直接或间接地阻碍了使用者的重要目标，也因为其会限制解决这种阻碍的应对策略"（Zimrig，1983）。使用者的这类目标通常包括建立联系纽带、亲密互动以及控制社交活动发生时间和地点的能力。当环境无法支持这种心理－社会需求时，社会网络就会崩溃，在公众层面可能导致犯罪和破坏行为（图 13），个人层面可能导致退缩、抑郁和疾病（Zimrig，1983）。进一步的环境压力诱发因素包括过度拥挤的居住和巨大的外部噪声来源，这些都会增加心理压力。城市内的恶臭空气污染物加剧了这种负面影响，一些毒素还会引起行为紊乱，包括攻击性和无法自我调节的行为。日照不足也被证实与抑郁症状增加有关（Evans，2003）。

图 13 环境压力能提升心理压力，并以多种方式表现出来（安伯·艾宾赛拍摄）

研究还表明，缺乏自然采光、自然通风和与外界隔绝会潜在地导致生理疾病和与建筑物有关的疾病，如大楼综合征（Sick Building Syndrome，即 SBS）（Burge，2004；Ryan，et al，1992；Redlich，et al，1997）。大楼综合征表现为与眼睛、鼻子、喉咙和干性皮肤有关的症状，以及更常见的头痛和嗜睡症状。尽管大楼综合征给人带来不适和令人虚弱，这种在特定建筑中工作造成的症状，在离开大楼几小时后就会改善。虽然建筑物可能符合设计标准，但大楼综合征依然会发生，并且在空调建筑内比在自然通风建筑内更普遍。与大楼综合征相关的其他建筑属性包括较高的室内温度（空调建筑超过 23℃）、空调办公室新风量低［<10 升／（秒·人）］、不易单独控制温度和照明、建筑设施维护不善、清洁不利和水污染等（Burge，2004）。

从历史上看，实体城市中的高层建筑类型被认为加重了这类心理问题和心理–社会问题，这是由于开放空间及其最基本属性的缺位，这些属性包括提供自然采光、自然通风和社会互动的适宜场所。在最坏的情况下，这类开放空间在改善舒适性、幸福感、健康、生产力和社会互动方面的重要性未能被许多高层高密度项目的开发商和当局理解，并且经常由于经济原因而被忽略。

尽管 J.G·巴拉德的小说《摩天大楼》（2003）强调了其发展潜力，这些构想拙劣的飞地与其环境文脉脱节，并被地方当局粗暴操作。其社会和物质的隔阂太过明显，正如密苏里州（伊利诺斯）普鲁伊特·伊戈社区那样的高密度实际项目（图 14）。由于大幅度削减成本和设计不善，再加上地方当局把领取福利的家庭迁往该社区，导致了普鲁伊特·伊戈社区的公寓住宅和公共空间渐趋衰败，这诸多弊病导致了这个社区最终被废弃和

图 14　密苏里州普鲁伊特·伊戈社区：社会和物质上的隔离导致其遭到破坏并最终被拆除（密苏里州历史学会——研究中心——圣路易斯《乔治·麦考伊摄影收藏集》）

拆除（Hall，2002）。由于缺乏对最终用户如何使用内部、外部空间的理解，致使情况更加复杂。由此造成的破坏和恶化，造成了贫民窟般的、在建筑内部和建筑之间的不可防卫空间。正如奥斯卡·纽曼（Oscar Newman）指出的那样："建筑师把每栋建筑视为一个完整、独立和正式的实体，而不考虑庭院以及建筑之间可能共用场地的任何功能性用途。就好像建筑师扮演了雕塑家的角色，将项目的庭院仅看作一种表皮，而把一系列垂直元素在这个表皮上组合成令人愉悦的整体"（Newman，1980）。

在环境方面，高楼大厦在密集城市中心的大量增加导致了城市温度的升高（Wong，et al，2006）。城市气温的上升可以进一步归因于人为因素，包括空调设备、汽车、人工硬化路面（如道路、人行道的路面）释放的热量；复杂的高储热城市构筑物储存和释放的热量；或因为地表湿度降低（这反而会通过蒸发作用降低周边环境气温）（Rizwan，et al，2008）。研究还表明，高热容量的高层建筑类型进一步强化了对城市气候的影响，导致城市热岛效应（UHI）（图15）。

这可以解释农村和城市地区之间存在的温度差异（Arnfield，et al，1999；Wong，2010）。以建筑物取代开放空间及其景观的负面影响包括：由于更高的环境温度、大气污染加剧、臭氧前驱体排放增加而加大的健康风险；增长的能耗——环境温度每上升 1℃，用于冷却的能源消耗大致增加 5%（Wong，et al，2003）。

据研究，城市热岛的变化与不同的土地利用相关。例如新加坡，其城市形态是由一系列建筑实体驱动的规划配置，包括高层、中层至低层的不同开发项目。该岛以商业、工业和居住用地为特色，包括居于主导地位、青翠景观中的外围住宅区，北部的自然保护区，西

图 15 城市热岛：因城市绿化的减少可能加剧（波默罗伊工作室提供）

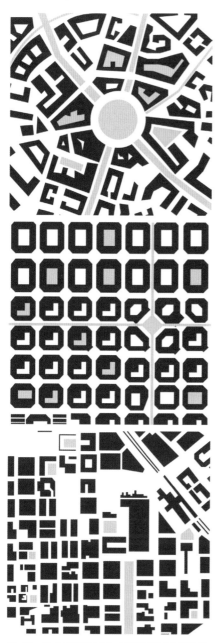

图 16　公共空间的减少也意味着城市绿地的枯竭（波默罗伊工作室提供）

边的工业仓库和商业园区，以及高楼林立的中央商业区。研究表明，西边的工业仓库和商业园区，以及中央商业区的城市热岛强度最高，在居住区和公园区温度有所下降（Jusuf，et al，2007）。这表明，绿化的引入既有助于降低环境温度，也在城市人居中扮演至关重要的角色，尤其是在景观性开放空间中发挥重要作用。

自 18 世纪到现在的图底关系图示所证实的，不仅仅是象征性公共空间的缓慢消亡和被私人建筑物所代替，而且还包括由此导致的城市绿化减少（图 16）。尽管过去高密度高层建筑的发展造成了破坏性后果，但学者和建筑环境专业人士都承认，空间约束，以及在权力、声望和城市认同上的观念，仍将驱动人们建造高楼的热望。然而，同样这些群体正不断寻求更具可持续性的高层建筑解决方案，以期减少能源消耗，同时培养社区意识、提升建筑环境。

开放空间与城市人居环境和高层建筑类型的重新整合，与学者柯林·罗和弗雷德·科特在其著作《拼贴城市》中描述的"空间 – 实体"的混合体有点不太相同，本书在很大程度认同空间是值得保留的商品，因为它带来社会 – 环境的效益（Rowe，et al，1978）。全球变暖的不利事实进一步增强了这种新型混合体在城市人居中的主要作用，有力地定义了第六代高层建筑设计，即通过紧凑城市（包含了开放空间及其绿化）的竖向重新诠释而成为垂直城市理论的一部分。这种理论认为高层建筑应由内到外来构思，而非由外及内。这同时也是一个我们能看到的空间优先于形式的过程。首先，毕竟由于空间的供给，才能促进健康，提高生产力，培养个人、团体和组织的"社会福祉"；其次，空间可以提供自然采光、自然通风和补充城市绿化的机会，从而带来建筑环境的

"低碳福利"。

1.5 替代性社会空间的诞生

公共空间以往是社会互动、贸易和公共辩论的场所，它缓慢地衰亡，但又通过历史建筑和新建筑类型中出现的各种替代性空间的形式得到补充。所有这些替代性空间的营造，都是为了补偿社会及其相关空间需求中公共、私人领域的变化，以使空间相应地社会化或者私密化。哈贝马斯的公共领域概念谈到的公民社会中的辩论和话语，在 18 世纪欧洲的咖啡馆和沙龙找到了宣泄的出口，这又通过文化水平提升、文学作品的普及和新的批评性新闻行业得以进一步推广（Habermas，1989）。公共空间的私有化导致了（诸如 18 世纪的酒店、19 世纪的拱廊和 20 世纪的摩天大楼在内的）建筑开始容纳并不具有严格公共性的社会空间。除了街道和广场这样的传统公共领域，聚会性庭院、可供社交和漫步的拱廊、室内街道和有盖顶的花园这样新的空间类型很快出现，以满足日益复杂的社会需求。这些被管理的"社会空间"处于其土地拥有者的私有权属下，允许市民穿行和使用，鼓励个人特别的自由表达，但同时，什么被允许、什么不被允许的社会行为规范日益模糊。由于这些空间处于国家管辖之外，设施维护和治安必须由业主承担，这实际上标志着一个新的空间类型——半公共领域的到来。

国王弗朗索瓦一世（King François I ）让巴黎成为政府所在地的决定，确保了融入社交空间要素的一种建筑类型的发展。这种类型就是 18 世纪的酒店，它通常位于皇宫附近，是有着贵族气派的居所。这种酒店包含一种庭院形式的外部空间，一种公民社会成员可以在其私有领地内闲逛、聚会、交际的半公共空间。因此，贵族中的少数成员能够以提供社会空间的慈善方式为公民社会做出贡献，这些社会空间仍由其拥有者维持治安、管理和维护（Dennis，1986）。由安东尼·勒·波特（Antoine Le Pautre）设计的巴黎波伏瓦巴洛克酒店（The Baroque Hotel de Beauvais）就是一个很好的例子（图 17 ）。庭院的象征性和对称性特质与作为城市填充物的密闭空间形成对比，决定了其场地的几何特征，这个特征很大程度上由场地内三座中世纪房屋的原有基础带来。设计体现了对互动场所需求的社会变化，但同时也展示了城市环境中逐渐的空间转换，即由象征性的公共虚空主导，转变为无差别空间中符号性的私有实体。因此，这类似于从传统城市到现代城市的演变。

19 世纪，另一种建筑类型出现了，这一类型寻求解决公民社会对有管理的替代性社会空间的需要，允许人们成为公众场合的演员和观众——他们在此浏览商品，也被附近散步的其他人观察。拱廊在现有的公共广场或街道之间纳入步行通道，并被通常有自身用途的建筑物围合或覆

图 17 巴黎波伏瓦（de Beauvais）酒店：庭院形成的这种替代性社交空间为城市提供了一种目的空间（查克·穆门特拍摄）

图 18 米兰的维托里奥·伊曼纽尔二世购物商业街廊：作为步行街道提供了穿行于城市的一种交通方式（刘雷顿拍摄）

盖。这种类型的成功归功于其成为"投机的对象"，它在私人物业内提供公共空间，同时缓解交通拥堵，提供步行捷径，遮风避雨，是仅供步行者通行的区域。这些优势为这类拱廊建筑的租户、最终还包括其业主带来了财务上的成功（Geist，1983）。拱廊已发展成为城市肌理的不可分割的组成部分，代表"公众生活的更大利益……，再次赋予行人以丰富的意义，并成为重组公共空间的驱动力"（Geist，1983）。可能不足为奇的是，拱廊将成为新成立国家的文化和经济发展的象征——这无疑是城市生活和城市繁荣的显现，正如人们在米兰的维托里奥·伊曼纽尔二世购物商业街廊（Galleria Vittorio Emmanuelle Ⅱ）所看到的（图 18）。

20 世纪的摩天大楼更像 19 世纪的拱廊，同样成为进步的标志。现代城市规划对公共空间造成侵蚀，但有利于私人的、实体形式的建筑。高层建筑试图通过将社会空间元素纳入私人领域的开发项目以弥补空间损失，特别是将其内部定义为街道，将其外部定义为屋顶（图 19）。勒·柯布西耶在《走向新建筑》的第五点中指出了屋顶露台的重要性，它不仅能补充建筑占用的外部空间，同时也为社会健康和福祉提供了空间（Frampton，1992）——这个理想在马赛公寓中得以实现。"将 337 个居住单元与购物商场、酒店和屋顶平台、跑道、戏水池、幼儿园和健身房整合在一起，马赛公寓就像一个"社会容器"，也像 20 世纪 20 年代苏联的公社街区。这种社区服务的全面整合，无论其规模，还是其与周边直接环境的隔离，都让人回想起 19 世纪傅立叶（Fourier）共产村庄模式（Frampton，1992）。

18 世纪的庭院、19 世纪的拱廊和 20 世纪的屋顶花园的陆续出现，逐渐与其他社会空间模式联系在一起。

现代购物中心不再限于零售业，而是开始容纳多种功能，包括保健、工作场所、娱乐、休闲和会议等用途，这些功能开始将该实体建筑定位成社区的焦点。郊区购物中心可被看作是公共集市的私营替代物。在这里我们能看到，在私人发展项目里如何能纳入管理良好的社会空间，以吸引人流和增加收入（图20）。私营企业提供具有公共领域特征的社会空间，但以自己能力将其商品化，并作为商业企业聚集地出租出去。这种方式已成为城市中心区零售业发展的典范（Kohn，2004）。

作为对私有化的回应，在私有化环境中也需要将空间视为"公共物品"——通常被经济学家辩护为商品，或许不仅仅有利于购买者或消费者。酒店大厅和购物中心中庭是私有化空间的典型例子，它们带来了更好的收益，即为了换取规划设计许可，以尽量提升土地价值，而应该支付给社区的利益（图21）。学者布莱恩·菲尔德（Brian Field）认为，上述空间的供给能以同样方式证实，公共空间是公民社会的健康和福祉的基本需求（Field，1992）。酒店大堂已经成为商务会面的场所，以及无须进入办公区域就能进行商业交易和无线办公的环境。与购物中心一样，它们允许那些既不是业主也不是居住者的个人进入，这些个人被赋予特定的社会性言论和行为的自由，只要他或她符合管控该空间的私营机构的规章制度。

在这一部分中，我们看到了公共领域如何逐渐被人类所侵蚀，其私有化如何造就了能提供空间补充的替代性社会空间，以及如何造就了明确的（通常是限制性的）社会参与规则。这种私人管理的社会空间，为了其使用者的社会互动，强化了城市人居中的空间层级。它们寻求平衡实体建筑内部的空间，并重新获得私人宅地内的公共生活元素。为做到这一点，它们形成了

图19　作为"社会容器"的马赛公寓：屋顶成为一种休闲娱乐的手段（勒内·布里拍摄）

图20　新加坡星际购物中心：公共集市和市镇广场的私营替代空间（杰森·波默罗伊拍摄）

图 21　新加坡滨海湾金沙酒店：一个日益造就增值利益的替代性社会空间（安·安·阮拍摄）

一个伴随物，而不是街道和广场那样的传统公共领域的取代物。当公共空间成为没有人情味交往的代名词，只有依赖个体的文明面具才能在公共场合进行互动。这时，这些替代性公共空间中的半公共领域提供了增加社交网络的机会。然而，因其私有化和商品化性质，它们有可能限制社会自由（如动作、言论和行动）。私营部门和公共部门均面临持续压力，它们都需要为社会提供"公共产品"而考虑社会 – 空间的可持续性，高层建筑中的空中庭院和空中花园，日益成为 21 世纪城市人居环境里开放空间基础设施的补充，并继续按以往的空间发展路线发展。本书将在第 2 部分对此进一步探究。

定义空中庭院和空中花园

第 2 章 定义空中庭院和空中花园

吉宝湾有限公司（吉宝置业提供）

2.1 空中庭院和空中花园的历史回顾

有明显的历史先例表明，空中庭院和空中花园并非我们这一代才有的现象，而是在从古到今的城市人居环境中均有所体现。我们可以将空中花园追溯到古代文明所追求的、在竖向把绿化融入城市的案例。巴比伦空中花园，由尼布甲尼撒二世（Nebuchadnezzar II）为他的妻子艾米蒂斯（Amyitis）建造。公元前6世纪，在古希腊历史学家迪奥多罗斯·西库鲁斯（Diodorus Siculus）的记载里，巴比伦空中花园由一系列种有植物的阶梯状平台组成，均坐落在距地面23米高的石拱上面。据说，叙利亚国王建造了空中花园，以取悦他那位想念波斯故乡的妻子。石头砌筑的阶梯状台地上种植了树木，为了使绿树长青，利用机械灌溉系统从幼发拉底河引水来灌溉。

福斯塔特（Al-Fustat）历史上是一座古埃及城市，如今已成为开罗老城（Old Cairo）的一部分，以其遮阴的街道、花园和市场而闻名，同样也包含空中花园。现代考古学家已在此找到了远自西班牙、中国和越南的文物遗存，证实了该市作为贸易中心以及伊斯兰艺术和陶瓷生产中心的重要地位。据说它是当时世界上最富有的城市之一，估计拥有20万人口（Mason，1995）。在波斯诗人兼哲学家纳塞尔·霍斯鲁（Nasir Khusraw）的描述中，该城拥有许多座高达14层的高层住宅楼，楼顶均建有休闲性质的屋顶花园，屋顶花园由其居民定制，并由牛拉的水轮提水灌溉（Barghusen，et al，2001；Behrens-Abouseif，1992）。

在意大利，像乌尔比诺（Urbino）和圣·吉米尼亚诺（San Gimignano）这样的山丘城镇，熟练地利用自然地形高差，选取较高的地段建造城市住居，以增加其防卫性（图22）。在文艺复兴（Renaissance）时期的热那亚市（Genoa），陡峭的梯台式花园和绿化屋面很

图22 锡耶纳的圣·吉米尼亚诺：位于意大利的一个植被葱翠而地形陡峭的台地山城，公共空间分布在多个标高上（吉姆·帕克拍摄）

常见。抬高的广场由梯步相互连接，并调节彼此间的高差。这样就能监控下面的土地和发生的公共活动（Peck，et al，1999）。对于私人建筑，建于 1550 年至 1555 年之间的朱利亚别墅（Villa Giulia）是个典型，该别墅由建筑师安曼纳蒂（Ammanati）和维尼奥拉（Vignola）为教皇尤利乌斯三世（Julius III）建造。通过巧妙改造自然地形和调整楼地面高度，营造了抬高的阶梯露台和有盖顶的三层敞廊，让教皇及其随行能居高临下欣赏周围的风景（Watkin，2005）。

　　到了 19 世纪，观赏全景已不再是局限于少数权贵阶层的特权。从不断提升的高度观赏美景，这种空间景观的大众化通过电梯的发明成为可能。为社区提供了使登高俯瞰城市成为一种休闲娱乐方式的机会，从而挑战了任何独享空中美景的固有观念。1889 年巴黎博览会的埃菲尔铁塔（The Eiffel Tower）见证了工业时代人类的智慧和技术进步（图 23）。它提供了这样一个平台，人们只需购买门票，就可以登高远眺并惊叹于巴黎的天际线。它至今仍然是世界上参观人数最多的收费纪念性建筑。该铁塔以其提供的全景城市视野作为销售商品，从而成为创收手段，这成为世界各地城市中的高楼大厦设置观景长廊的模板。

　　到了 20 世纪，勒·柯布西耶的现代建筑宣言提倡把屋顶作为地面开放休闲空间的补充手段，他的思想和宣言催生了空中的社会性空间，这些空间有的配有绿植有的未设绿化，在日益由实体建筑引领的现代城市中大量产生（图 24）。像杨经文这样的建筑师进一步利用空中庭院填充建筑内的间隙空间，以获得环境效益和社会 – 经济效益。在高密度城市环境的新建筑语汇中，"空中庭院"已经成为一个日益重要的组成部分（Pomeroy，2012a）（图 25）。诺曼·福斯特设计的法兰克福商业

图 23　巴黎埃菲尔铁塔：普通付费游客也能在此体验广阔视野，表现出空间景观的民主性（沃特·波斯马拍摄）

图 24　马赛公寓：屋顶设休闲空间，作为地面开放空间的补充（尼尔·杜希科拍摄）

银行很好地证明了上述观点。这座高楼被构思成三角形，楼层平面呈现为三个"花瓣"，围绕着中央完全通高的中庭构成的"茎"（图 26）。封闭的通高空中庭院竖向贯穿四层建筑，空中庭院每隔四层旋转到下一个立面。在每一处空中庭院内，员工可俯瞰下面和仰望上面的其他空中庭院，如同俯瞰下面的城市景观或仰望上面的天空。这些空间为办公人员提供了一种社会维度的场所，他们能在此会面、活动、午餐或远程办公。在种有绿植的空中庭院中设置了咖啡吧、折叠椅，成为社交活动的焦点。这样就契合了福斯特设计理念的本质，塔楼作为若干"村庄"的集合社区，每个空中庭院作为一个"村子"的中央广场或绿地，为直接看到它的 240 名雇员服务（戴维，1997）。

空中庭院和空中花园今天仍然是城市人居环境的一部分，其存在的原因与其在古代完全一致。他们是个人或团体的娱乐场所，能够提供令人难忘的景观和有利视点，并且能提供环境效益和社会 – 心理效益。然而，尽管有这样的历史先例和它们所扮演的重要角色，无论空中庭院和空中花园在空间、社会、经济、环境、技术或文化等方面的贡献，还是它们在城市人居环境中扮演日益多样化的角色，这些均鲜有精确的解释。以下章节将试图明确解释它们的多面性特征。

图 25　吉隆坡，梅那拉·梅西加尼亚（Menara Mesiniaga）：一个早期的高层建筑例子，为了社会环境效益结合了空中庭院（T. R·哈姆扎和杨经文建筑师事务所提供）

图 26　法兰克福商业银行：一个响应环境的示范性建筑，塔楼内设有多个空中庭院，形成一个垂直的工作村落（安德烈亚斯·霍夫曼拍摄）

2.2 空中庭院和空中花园的空间形态和感知密度

在城市设计的术语中，"密度"往往承载着空间和社会的负面内涵，反映在局促的用地上建筑物十分密集和接近，或是指个体之间高度接近的拥挤生活状态。根据学者程维姬（Vicky Cheng）的观点，感知密度指的是"个体与空间之间以及空间中个体之间的相互作用"，它需要用空间密度（"反映空间要素之间关联的密度感知"）和社会密度（"人与人之间的相互作用的密度感知"）的概念来区分上述两个不同方面（Cheng，2010）。她指出，这些定义说明了感知密度如何跨越不同背景下的不同学科，以及城市密度如何与城市形态塑造和致密化有着本质上的关联。

社会对城市密集的厌恶引发如下先入为主的观念：这样的环境缺乏交互空间，或者是缺乏个性的同质环境，因此需要仔细考虑。这是因为有大量的高密度案例研究体现了上述属性，但又是服务城市居民和游客的著名的城市环境（OECD，2012）。香港和巴黎证明了这一点，同时也证明了高密度城市人居如何能不需要仅仅与高层建筑关联。对香港和巴黎的空间形态的一项调查表明，前者标志性的高层开发可能被认为比后者的低层开发具有更高的密度。然而事实却是，巴黎奥斯曼式的6、7层街区比香港20层的邻里具有更高的密度（图27）。当比较两个城市的容积率（FAR），巴黎为5.75，而香港则是4.32。这证明更高的密度可以通过与高层建筑形态不同的建筑形式来实现，而同时可以降低感知密度（OECD，2012）（图28）。

或许有点令人意外的是，空中庭院作为降低感知密度的方法，已经成为世界上最高的那些建筑和最密集的环境中一个日益重要的建筑语汇要素。空中庭院通过虚、实并置能打破大量楼板的单调重复，可以依据其空间形态以及其如何能降低高层建筑、高密度开发的感知密度

图27 巴黎奥斯曼式街区：容积率为5.75、高6、7层的高密度环境（迈克·波斯卡布洛拍摄）

图28 一个香港社区：容积率为4.32、高约为20层的高密度环境（杰森·波默罗伊拍摄）

来定义或阐释（Pomeroy，2005，2007）。通过植入高密度城市人居环境和高层建筑，空中庭院有能力塑造人的尺度和传统街道的比例，作为或开放、或封闭的填隙性空间，平衡实体（私有）建筑中的象征性（半公共）虚空间。

正如"庭院"这个词所表明的那样，围合感可通过以直接相邻的城市环境中被建筑物界定的虚空间来创造，也可以由其自身的内立面所营造。空中庭院一般位于建筑体内的周边，通常有三层或更多层，可以把更多的自然光和自然风纳入到建筑体内，从而优化建筑内部环境（图 29）。依据其方位和气候因素，这种尺度允许引入树木及其他更多样的园林景观，以进一步强化这些社会空间审美的、社会生理的和环境的属性。

屋顶花园（the rooftop garden）被定义为建筑物屋顶上的景观环境，建筑需要有足够强度以支持其荷载，非常适合钢筋混凝土和钢结构（Osmundson，1999）（图 30）。另一方面，空中花园往往是指一个开敞或封闭的开放景观空间，可以分散在城市人居环境或高层建筑的较高位置或楼层，并已成为一个通用术语，偶尔也可替代空中庭院或屋顶花园的概念。顾名思义，空中花园的概念强调的往往是花园环境的审美特征及其对使用者的吸引力。对于开放空间与建筑面积的比例，正如人们通常对水平延展的混合开发用地上这一比例的关注，空中庭院和空中花园也开始在高层建筑内部竖向地平衡这一比例（Pomeroy，2009）。

斯蒂芬·霍尔（Stephen Holl）等建筑师通过引入空中庭院、空中花园和空中廊桥，探索了城市中心的去密集化，并通过这种方式创造了平衡虚、实空间的混合结构。他们探索的竖向、斜向和水平向的开放空间网络可以降低感知密度，这实质上也支持满足各类活动的混

图 29 西班牙马德里郊区桑尼亚罗的米拉多住宅：中间层掏空的空中庭院作为间隙空间（罗布·哈特拍摄）

图 30 新加坡滨海堤坝：一个用作公园的屋顶花园案例（李克洛伊拍摄）

合使用开发，从而重新定义了 24 小时运转的城市，成
为自发性或交互性活动的催化剂。霍尔设计的北京当代
万国城（Linked Hybrid）探索了这样的概念，并承认北
京城市形态的变化（图 31）。北京城历史上密集的街巷
和庭院网络在 20 世纪 80 年代后已发生了变迁，变成一
个充满高层建筑物的城市，在天际线上呈现出更强的垂
直性（Per，et al，2011）。北京当代万国城在概念上
试图调和"实体"的城市与"空间"的城市之间的矛盾，
运用处于 20 层高度的空中廊桥环状连通八座塔楼，这
些空中廊桥为住户和游客提供娱乐和社区相关设施。该
地区高密度住宅开发的典型重复性特征被摈弃，以满足
公寓套型和尺寸的多样性；通过引入有助于降低感知密
度的空中庭院，进一步从空间上解构了这种单调重复性
特征。

图 31　北京当代万国城：设置一系列空中庭
院、空中花园和空中廊桥以降低感知密度（何
舒，史蒂芬·霍尔建筑师事务所提供）

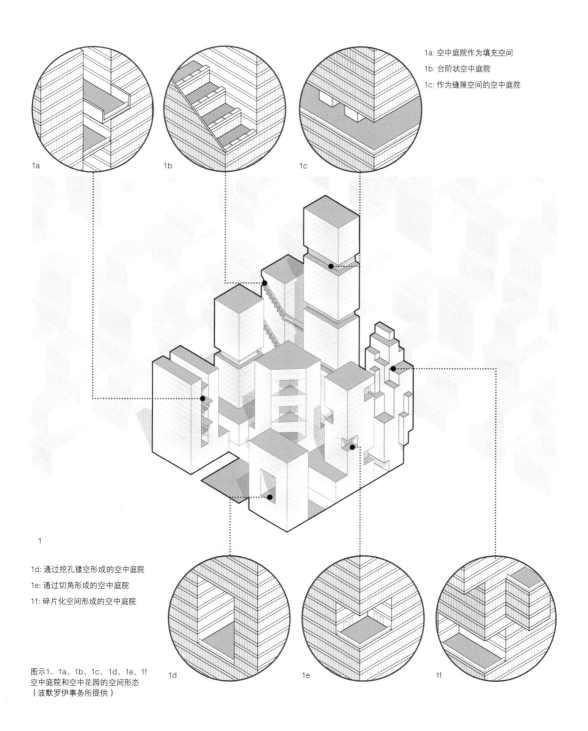

1a: 空中庭院作为填充空间

1b: 台阶状空中庭院

1c: 作为缝隙空间的空中庭院

1d: 通过挖孔镂空形成的空中庭院

1e: 通过切角形成的空中庭院

1f: 碎片化空间形成的空中庭院

图示1、1a、1b、1c、1d、1e、1f
空中庭院和空中花园的空间形态
（波默罗伊事务所提供）

2.3 空中庭院和空中花园作为社会空间

哲学家亨利·勒夫韦（Henri Lefebrve）指出，社会能生产自己的空间代码，通过边界将日常生活的碎片隔离和区分开来，生产出属于自身的特定空间。然而，学者乌尔里奇·斯特鲁弗（Ulrich Struver）提出的"批判性空间身份"[⊖] 的概念，承认群体之间的关系而不承认边界的作用（Best, et al, 2002）。对于引发权力争斗的特定空间，不同群体可能有不同的空间解释，这需要一个力量占主导地位（以被认为是依惯例的方式占用这一空间），而其他服从者对此空间的占用则通常被认为是依不依惯例的。例如，建筑物之间可利用的过渡空间由某个机构管辖并被视为常规，此空间也可作为滑板游乐区域被某个亚文化群体所使用，这通常被视为非常规的占用（图32）。这种主导力量和从属力量的相互依赖形成了一种张力，它可以被用作一种权力的工具；不管是由私有法人团体、理事会、个人、群体，还是由社团、协会来实施这种权力，都能成为控制、维护或管理的手段。

空中庭院和空中花园可以作为空中的社会空间，有助于弥补由于城市密集化造成的开放空间的潜在损失。与街道和广场一样，它们提供社交互动场所，能促进与他人偶遇或约会，同时也提供了一种休闲的方式。与（街道和广场这样的）公共空间参照物一样，这些高

⊖ "批判性空间身份"（Critical Spatial Identities）这一概念，在贝斯特和斯特鲁弗的原文章中表述为"批判性空间身份可以被认为是坚持批判性价值观（左翼、多元文化、工人阶级）的结果，它与地方性文化关联，与特定场所或地点紧密联系在一起。这被当作批判性群体的物质基础和活动范围。所有这些都与"身份"的概念相联系，与个人对这些群体和观念的归属相联系，以及作为空间身份与场所相联系。"原文见 Best, U. and Struver, A.（2002）. The politics of place: critical of spatial identities and critical spatial identities, Tokyo: International Critical Geography Group. ——译者注

图32 伦敦，南岸艺术中心：一个被滑板运动环境据为己有的公共空间（维罗尼卡巴雷特拍摄）

图 33　韩国首尔的仁寺洞：空中花园作为朋友会面和顾客聚集的非正式场所（杰森·波默罗伊拍摄）

图 34　新加坡达士岭组屋：有明确的管制规则，不允许特定的言论、行为和活动自由（安·安·阮拍摄）

悬的空间能引发市民群体的形成和消散，通过这种方式超越了社区群体日常会面的空间功能，潜在地提出其空间的主张。例如，学生们课余时间可以在这样的空间内聚集，并在解散前分享笔记；在一个工作日内，写字楼员工可在此与不同部门的同事会面，共享咖啡或午餐休息时间，然后回到各自部门；居民可以在周末和（或）傍晚填充这些空间，在归家前与邻居和朋友会面；旅游团可以在此聚集，观赏空中全景，在该场所关闭时解散（图 33）。由某个主导性的个人、群体或组织的不间断使用，会给这个场所印刻上一种非正式领地的痕迹，这可能隐含地限制其他个人、群体或组织对这一空间的使用。

地面上的开放空间倾向于受公共利益支配，允许自发性的和自由的走动、讲话和动作。而空中庭院和空中花园通常是半公共的、受私人利益支配。这反过来又赋予了特别的、更正式的社会限制。空中庭院和空中花园尽管具有公共领域的特性，允许使用者拥有特定的行动自由，允许他们占用这一空间用作休闲、生活便利设施和社会互动场所，但它们仍然是被管理并有物理限制的空间。既受到维持其存在的特定结构的制约，也被支配该高层大楼的机构、公司社团或群体所控制（Pomeroy，2012a）。这不可避免地导致利用该空间的个人、群体和社团的话语和行动模式受到限制，而赋予支配性（私人）群体对该空间的控制权（图 34）。如此产生的社会空间通常是高度分化的环境，可能是基于时间而具有明确的排他性规则（如公司、机构的营业时间或入场费的收取），也可以是基于社会行为的隐性排他性规则（比如，成为学习社区的一部分，成为办公社区、居住社区或旅游社区）。

新加坡的达士岭组屋（The Pinnacle）即是上述观

点的例证，它使用 12 个空中花园将七座 50 层的高密度社会住宅楼相互连接，能够容纳多达 1848 个家庭单元（图 35）。这些空中花园把以往社会住宅街区的地面架空层重新诠释为一系列高架的社会空间。第 26 层的中间层花园只为居民服务，而第 50 层的屋顶花园除了居民外，还可供市民使用。第 26 层的中间层花园有明确的管理规则，规定谁可以进入、谁不能进入；尽管被政府视为公共性质的空间，它们最终是私有化的空间，由其居民独享和使用，并因此形成了明确的排他性规则。位于第 50 层的空中花园，同样被视为公共空间，也拥有明确的管理规则，但形成了隐含的排他性规则，即需要购买门票，才能进入这一观景平台。那些能负担得起门票费用的人将享受一个全景式的天际视野；那些不愿买或买不起门票的人将因自己的选择或经济条件而被排除在外。因此，在这种情况下，可以认为，自由的通行权和使用这个屋顶花园的资格存在被取消的风险，如同个体在街道和广场这样的公共领域感受到的参与社交活动的自由被剥夺一样。这并非如人们所想的那样，是由于保护私有资产所产生的私人利益焦虑所致，而恰恰相反，国家治理（在正常情况下）会促进当地人和游客、居民和非居民对开放空间有更大程度的包容性利用水平（Pomeroy，2011）。

图 35　新加坡达士岭组屋：空中庭院作为新的社交空间为居民享用的一个实例（菲利普·奥德菲尔德拍摄）

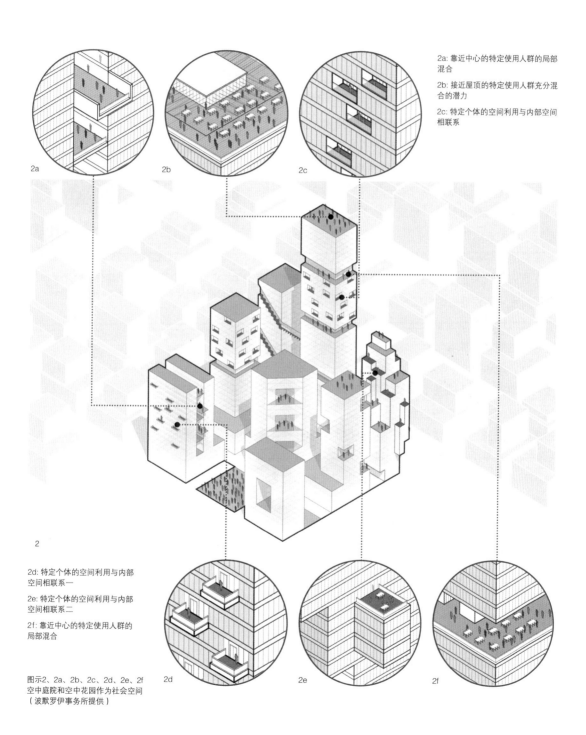

2a: 靠近中心的特定使用人群的局部混合

2b: 接近屋顶的特定使用人群充分混合的潜力

2c: 特定个体的空间利用与内部空间相联系

2a

2b

2c

2

2d: 特定个体的空间利用与内部空间相联系一

2e: 特定个体的空间利用与内部空间相联系二

2f: 靠近中心的特定使用人群的局部混合

图示2、2a、2b、2c、2d、2e、2f
空中庭院和空中花园作为社会空间
（波默罗伊事务所提供）

2d

2e

2f

2.4　空中庭院作为过渡空间

根据学者阿尼斯·锡克斯纳（Arnis Siksna）的说法，当市中心变得更密集，步行交通增加时，城市的二维平面就达到了它的弹性极限。它迫使城市进入第二个发展阶段，这样就可以在不增加辅助系统和层次（如交通、停车和地铁）的情况下，促进交通方式多样性和交通的自由（Siksna, 1998）。为了应对增加的密度和交通量，城市不可避免地急剧向第三维发展。像香港这样的城市，有无数的高架路、桥梁、地上地下多层立体交通系统，仍无法达到其扩展到第三维需要的交通量的门槛，除非它的市中心有必要的城市密度来支撑人口增长（图36）。没有这样的基础设施，紧凑型城市将因自身的成功而面临可达性窒息的危险（Gabay, et al, 2003）。

类似地，高层建筑类型无法跨越向第三维的空中发展存在的门槛，除非它拥有必要的空中庭院和辅助系统（即增设地铁列车、停车场、天桥和其他技术设施）以支撑使用率或行人流量的增加。如果没有这样的基础设施，紧凑的实体城市同样会面临可达性窒息的风险。通过改进的交通循环方法使行人在空中行走更加轻松，这一需求与水平方向的城市环境相关联，与高层建筑类型也一样关联，这就进一步确保了市民空中和地面交通的同等重要性。

空中庭院可以作为超高层建筑交通循环交汇的过渡空间。因此优化轿厢容量、候梯时间和楼面使用效率，就必须使电梯核心筒层层竖向叠放，以提高项目的经济可行性。正如公民社会被赋予了地面上的路线和运输方式的双重选择（采用步行、骑自行车、驾驶汽车或搭乘公共交通——以通过各类路径），使用者或访客在高层建筑中面临多种交通路径和交通模式，这使得空中庭院不仅是休闲和约会的目的场所，也是穿行和发生偶遇的过渡空间（Pomeroy, 2008）（图37）。因此，空中庭

图36　香港中环半山自动扶梯：一个采用多层交通系统应对可达性窒息的城市（杰森·波默罗伊拍摄）

图 37　台北 101 大厦：换乘楼层被扩展为不同功能之间的交互枢纽（杨凯西拍摄）

图 38　英国伯明翰，塞尔福里奇百货公司：过渡空间和连接廊桥充当类似空中街廊的形态（杰森·波默罗伊拍摄）

院作为截然不同的垂直交通模式的交汇连接处，它的引入可以加强使用者从高层建筑的一部分向另一部分空间过渡的引导，甚至成为连接到其他建筑物及其空中庭院的过渡空间（Wood，2003）。空中庭院利用自身将初级、次级和三级垂直流线联系起来的能力，扮演着类似空中街廊的角色。

零售的引入进一步调和了这类空间，使空中庭院成为（竖向）街廊；电梯、自动扶梯、楼梯、坡道和其他（竖向）交通路径则形成林阴大道、街道和通道这样的层级关系。空中庭院开始降低其视觉与地面活动脱离和割裂的风险，因为高层建筑群中的水平和垂直的交通方式有助于在空中街道上创造新的互助守望之"眼"，借以识别陌生人与非陌生人而改善安全环境。通过高层建筑内外不同位置的行人、员工和居民的行走和活动，空中庭院进一步利用其培养了社区意识。此外，它提供了从一座高层建筑（通过天桥）疏散到另一座的机会（图38）。自从 9·11 恐怖袭击事件以来，自高层建筑大规模疏散的程序有了彻底的重新评估。这样（由于引入了空中庭院和天桥）就改善了分阶段疏散的能力，从而能在生命安全和由于逃生楼梯增加带来的经济不可行之间取得折中，由此提高了净楼面效率和总楼面效率（Wood，2003）。

碎片（即伦敦塔桥）大厦展示了怎样将空中庭院引入楼层中间成为过渡空间（图 39）。这座 72 层的塔楼是欧洲最高的混合用途建筑，高达 310 米。公共广场以上的头 26 层安置了 55,551 平方米、带有冬季花园的现代高规格办公空间；第 34 层至第 52 层是拥有 202 间客房的五星级酒店；第 53 层至第 65 层为高级公寓。将工作空间与生活空间分开的是一个三层通高的空中庭院，它不仅是将完全不同的功能凝聚在一起的社区空间，同时也是这些功能之间的过渡手段。它在不同的社会功能之间形成了一个有效的交换点，由此记录 24 小时不间断的城市生活。这一空间的设计旨在能让其每年 80 万的游客观赏难忘的伦敦风景，包括零售、酒吧、餐馆、休闲、表演和展览活动功能，也为塔楼使用者和更广泛的社区提供社交空间。它实际上成了一个新的空中广场——经由建筑交通核内的多条竖向交通路径，这里被塑造成一个可借以定位的场所、偶遇或约会的地点、游览的目的地。

图 39　伦敦碎片大厦：其中间层空中庭院既是过渡空间也是目的空间（上图：迈克尔·迪那克拍摄；下图：塞勒拍摄）

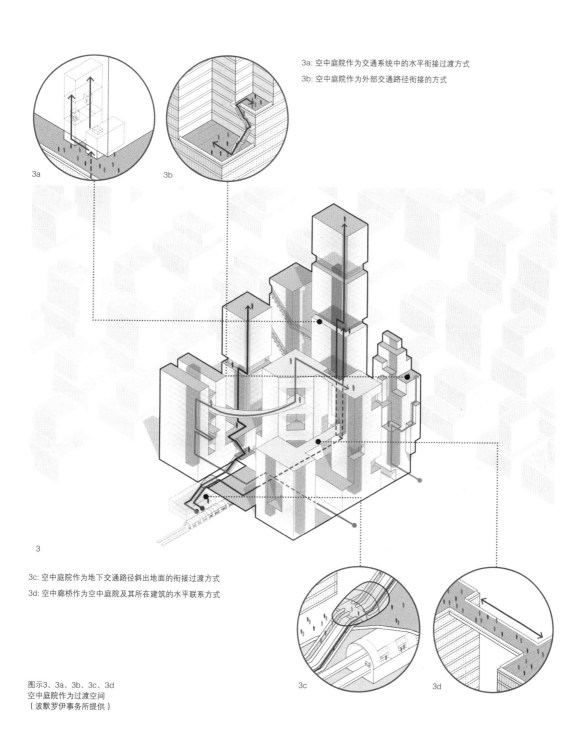

3a: 空中庭院作为交通系统中的水平衔接过渡方式

3b: 空中庭院作为外部交通路径衔接的方式

3a

3b

3

3c: 空中庭院作为地下交通路径斜出地面的衔接过渡方式

3d: 空中廊桥作为空中庭院及其所在建筑的水平联系方式

3c

3d

图示3、3a、3b、3c、3d
空中庭院作为过渡空间
（波默罗伊事务所提供）

2.5 空中庭院和空中花园作为自然环境的过滤器

自然采光和自然通风是生物生存的基本需求。人类的技术发明使其摆脱了依赖窗户取得采光和通风，其实在这之前，传统建筑的建造者们已经明白了获取丰富自然光和通风的重要性。正如学者雷纳·班纳姆（Rayner Banham）在《舒适环境中的建筑》（The Architecture of the Well-Tempered Environment）中所指出，在 19 世纪和 20 世纪交替之际，建筑师将这种环境上的考虑交给了咨询工程师（Banham, 1984）。但在当今，学者和专业人士都共同地回到了被动式设计的基础，以提高建筑内部舒适度并减少建筑物的能耗。我们看到了利用开放空间过滤自然光和通风的好处，例如拱廊和中庭，尽管这是颇具争论的，因为要抵消太阳光直接照射导致的建筑潜在得热，就要加强玻璃的性能和（或）增加遮阳装置（图 40）。

图 40　多伦多，艾伦兰伯特广场（Allen Lambert Galleria）：一个提供自然光的结构，但需要遮光以抵消直接太阳得热（杰森·波默罗伊拍摄）

空中庭院作为建筑立面上的开放性空隙，为建筑内部提供了一种对外开敞的可能，能将自然光和新风引入楼层的深处并避免了吸收太阳光直射的热量。日照设计最好的实践经验表明，当自然光从单边射入室内空间，可以深入到相当于室内高度的 2.5 倍距离（Baker, et al, 2000）。因此，一个大约 6 米高的空中庭院能使自然光到达大约 15 米的建筑深处，这将有助于降低对人工照明的依赖。然而，为了实现"环境过滤器"的作用，空中庭院需要考虑合适的朝向，以减弱低角度的太阳光以及潜在的噪声和高速风的渗透。这是因为在设计中结合了空中庭院后，外墙将大面积地暴露在环境要素之中，也可能损坏建筑物的环境性能（Puteri, et al, 2006）。

图 41　日本福冈，阿克罗斯大厦（Acros Building）：垂直和水平表面的绿化可以帮助减少环境温度（渡边浩美—渡边工作室，埃米里奥·安柏兹事务所提供）

绿色植物与空中庭院和空中花园的结合可以抵消以上出现的问题，因为植物有能力减少外部气候的不利因素。绿色植物在空中庭院和空中花园的水平和垂直表面

图 42　新加坡，乌节中央城（Orchard Central）：垂直绿化用来减少机械厂房区产生的热量和噪声（安·安·阮拍摄）

上有助于减少城市的热岛效应和吸收建筑物的热量，以及利用植物生物学特性的再次辐射——例如光合作用、呼吸作用、蒸腾作用和蒸发作用（图 41）。种植植物的表面能帮助环境降低 3.6~11.3℃，同时墙体的表面温度降低了 12℃（Alexandri, et al, 2008; Wong, et al, 2009）。当树木被放置在空中庭院的四周，它们可以作为一个遮光装置，疏松的树冠可拦截 60%~80% 的阳光，而密集树冠的拦截率则高达 98%（Johnston, et al, 2004）。它们也可以起到防风的作用并因此减少其给结构带来的负荷。它们同时形成了一个对城市噪声的有效缓冲区。垂直的种植方式，植物和其基底之间的空气滞留层可以帮助吸收、反射和转移声波，并能减少高达 9.9 分贝的低频噪声（Wong, et al, 2010）（图 42）。

绿色的空中庭院和空中花园也可以改善空气质量，帮助减少呼吸系统疾病。作为一种类似"海绵"功能的体系，它们可以处理大气中有毒的污染物和二氧化碳，通过种植具有特殊敏感性的攀爬植物将更好地吸收和过滤大量粉尘。种植了树木的城市环境可以将灰尘颗粒减少到每升 1,000~3,000 个，而没有树木的环境下每升可能含有 10,000~12,000 个粉尘颗粒（Johnston, et al, 2004）。它们也有吸收雨水的额外生态效益，极端降雨情况下有助于减少排入下水道的径流量和避免洪水的发生。在柏林的研究表明绿色屋顶可以吸收落在屋顶上 75% 的降水，并能立刻减少相当于正常水平 25% 的雨水排放，同时过滤掉其中的杂质。植物的过滤特性可以去除雨水中 95% 以上的镉、铜和铅，以及 16% 的锌，并能减少氮的含量（Johnston, et al, 2004）。

杨经文的新加坡国家图书馆（NLB）恰如其分地展示了引入绿色空中庭院所具有的环境效益（图 43）。这幢高楼由两个体块组成，它们之间被自然光所照亮的内部街道隔开，并由桥梁、自动扶梯和电梯相互连接各个楼层。该图书馆有超过 6,300 平方米（占总建筑面积的11%）的绿色空间，它们形成一个环境过滤器应对东西向低角度射入的太阳光。这有助于减少太阳辐射得热，并充当一个有效的遮阳装置。在 14 个空中庭院和空中花园中，有两个主要部分位于大楼第五层和第十层。其中种植了 12 米高的树木，增加了生物的多样性，具有蓄水功能，并通过类似呼吸作用的系统和过滤有毒污染物来调节生态系统。空中庭院的设想、绿色植物的考虑和建筑生物气候方面的设计有助于提高室内热工性能和建筑物能源效率。与新加坡典型的商业建筑相比，这个图书馆的能源消耗能够减少到 78 千瓦时 /（米 ^{2}·年），节省了 152 千瓦时 /（米 ^{2}·年），使之成为新加坡最节能的建筑之一（NLB，2008）。

图 43　新加坡国家图书馆：空中庭院是一个典型的环境过滤器（阿汉姆·达乌迪拍摄）

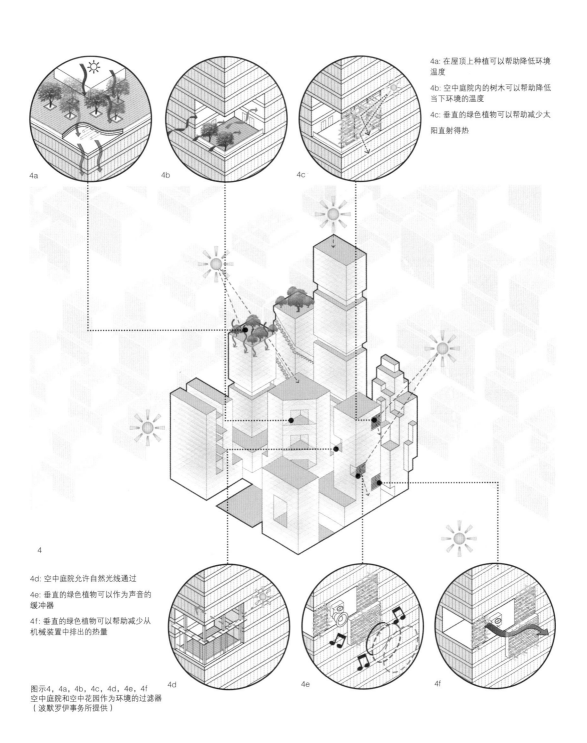

4a: 在屋顶上种植可以帮助降低环境
温度

4b: 空中庭院内的树木可以帮助降低
当下环境的温度

4c: 垂直的绿色植物可以帮助减少太

阳直射得热

4a

4b

4c

4

4d: 空中庭院允许自然光线通过

4e: 垂直的绿色植物可以作为声音的
缓冲器

4f: 垂直的绿色植物可以帮助减少从
机械装置中排出的热量

图示4, 4a, 4b, 4c, 4d, 4e, 4f
空中庭院和空中花园作为环境的过滤器
（波默罗伊事务所提供）

4d

4e

4f

2.6 空中庭院和空中花园促进心理 – 生理健康的价值

在 20 世纪 60 年代，越来越引起公众兴趣的是人们通过对场景的处理形成了一系列心理学研究的基础，这些研究关注什么构成了美以及什么样的结构因素（例如边界、锐度、复杂度和光的模式）影响了人们对美的看法。自然或自然的场景显著影响了视觉偏好的评分，"如果场景中明显包含了植被以及（或者）水，而建筑或汽车等人造景观不存在或不显眼"，人们将认为这一个场景是自然的（Ulrich，1981，1986）。这些发现促使人们进一步研究大自然对个人心理 – 生理的影响，以及如何去帮助改善心理健康的状况。

学者罗杰·乌利齐的研究进一步表明城市景观中的自然元素通过一系列即时的情感（情绪）反应可以缓和生理上的压力（Ulrich，1983）。对自然场景进行影像记录的研究显示，对于受创伤的人来说，通过自然的恢复力可以加速身体上和情绪上的恢复，即通过触发快速、积极的情绪来减少生理上的压力。研究的结果和情绪进化理论的预测是一致的，自然恢复力的影响转变为更积极的情绪状态和生理活动水平的变化，同时这些变化伴随着持续的关注（引入）（Ulrich，et al，1990）。研究人员发现，住在窗户朝向周围山丘房间的囚犯比那些住在朝向室内环境房间的囚犯来医院就诊的频率更低，这进一步支持了自然的治愈性这一假设（Moore，1982）。观察绿色植物的动机性也被证明对工作表现和情绪有积极影响（Shibata，et al，2002）。

大自然也有唤醒个体注意力的能力。注意力恢复理论认为，大脑集中注意力的能力会随着时间的流逝而耗尽。过度直接的关注会产生一种抑制的特性，会引起易怒、不愿参与群体活动和不适当的行为，但可以通过专注于自然环境进行治疗，自然环境富含良好的品质，同时也能提供足够的刺激性，但为了帮助改善这种反应，

图 44 新加坡皇爵酒店的露台（Pinnacle@Duxton）：大量的屋顶露台为居民提供了互动的社交空间（杰森·波默罗伊拍摄）

不要对个体保持注意力的能力提出过度的要求（Kaplan，1995）。

　　因此，景观美化工程越来越多地被纳入了空中庭院和空中花园的设计中，不仅因为它们的环境效益，还因为它们的视觉特性已经被证明可以丰富人们的心理和生理健康。在住宅环境中，经过景观美化的空中庭院和空中花园可以促进人们花更多的时间在户外进行社会和娱乐活动，从而提高偶遇过程中社交互动的可能性（图44）。特别是研究表明，树木为不同年龄和社会背景群体的聚集充当了催化剂，并能在培养社区意识过程中积极地影响人们对安全和调节的态度（Kuo, et al, 1998）。这将提高社区的满意度和加强社会纽带的作用，从而有助于保护社区的公共福利。当被纳入工作场所时，空中庭院和空中花园提供了替代性非正式工作环境和会议场所，并可通过倡导在其中定期的休息时间来提高生产效率（图45）。它们还可以作为"中和"性质的场所促进部门间的社会活动，意味着它们并不从属于任何特定的部门。这也将培养出更好的工作场所中的社区意识，从而提高工作效率和生产力。绿色植物的存在还可以清除任何有害的污染物和吸收计算机释放的热量，并有助于缓解工作场所中的视觉疲劳。而在医疗保健的特定环境里，空中庭院和空中花园同样可以为患者提供有利于康复的环境，也可以作为卫生保健人员静修、康复或社交互动的场所（图46）。

　　在新加坡的一个住宅开发项目勿洛阁（Bedok Court）中，建筑面积的30%~40%都被设计成空中庭院，学者贝朱华（Joo Hwa Bay）发现其中有86%的居民使用空中庭院进行社会活动。同样高的百分比证实他们通过这些空间与邻居进行视觉或直接接触。空中庭院的设置也促使66%的居民与其他不同层次的邻居进行了

图 45　波士顿健赞公司（Genzyme）：在这个以研究功能为主的环境中，空中庭院作为具有突破性的社会空间（健赞公司提供）

图 46　威尼斯梅斯特医院（Venice-Mestre Hospital）：一个利用绿色植物来改善个体心理健康的医疗环境（恩里克·卡诺拍摄，渡边浩美工作室提供）

互动。这是由于交错排列的视线区域增加了视觉的渗透性（图 47）。贝朱华的社会调查通过另一项气候调查得以补充，根据该调查，居民们对热舒适度的投票与早上、下午和晚上的实际温度进行了对比。由于空中庭院的平均辐射温度为 28.5℃，湿度为 61%，风速为 0.75 米 / 秒，70%~80% 的人在这三个时段都感到略微温暖、舒适或略微凉爽。事实证明，空中庭院比外部环境更加凉爽，而且只比室内的温度略高。对采光系数和声学方面进行的类似的定量测试也与居民的主观反馈进行了比较。贝朱华断言，即使在全年最热的月份（6 月），空中庭院中良好的热工、声学和采光方面的表现也能为社会的交往创造有利的环境。他进一步总结，这种对社会和气候兼顾的特性使得空中庭院能够促进社区生活的同时提高生理健康的水平（Bay，2004）。

图 47 新加坡勿洛阁（Bedok Court）：空中庭院允许房主自定义他们的空间（安·安·阮拍摄）

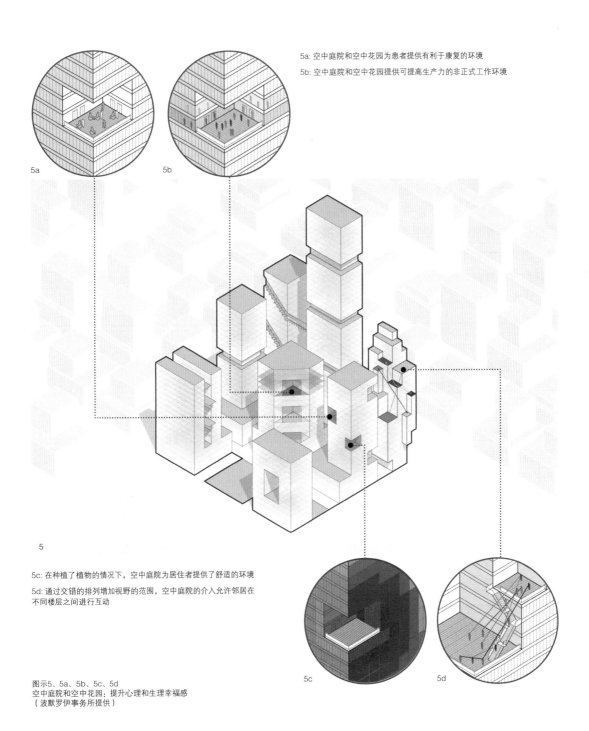

5a: 空中庭院和空中花园为患者提供有利于康复的环境

5b: 空中庭院和空中花园提供可提高生产力的非正式工作环境

5a

5b

5

5c: 在种植了植物的情况下，空中庭院为居住者提供了舒适的环境

5d: 通过交错的排列增加视野的范围，空中庭院的介入允许邻居在不同楼层之间进行互动

5c

5d

图示5、5a、5b、5c、5d
空中庭院和空中花园：提升心理和生理幸福感
（波默罗伊事务所提供）

2.7　空中庭院和空中花园增进生物多样性的价值

　　"生物多样性"一词有许多定义与不同的科学学科相关。遗传学家将其定义为基因和有机体的多样性，而生物学家将其定义为昆虫、真菌、植物、鸟类、动物和微生物的聚集，以及它们的起源、表型变异和它们共同居住在地球上的方式（Dirzo，et al，2008）。在城市人居环境中，生物多样性指的是可居住区域的多样，以及存在于其中的各种物种和生命形式的多样性范围（Currie，et al，2010）。这些定义表明了一个共性，即生物多样性是一个特定生态系统中生命形式的变化程度，由此可以确定该生态系统的健康程度。这种多样化生命形式的存在，每一种生物都在生与死的过程中对其他生物发挥作用并相互联系，创造了一个永久的和有结构的生命周期，由此定义了一个生态系统中的生物多样性水平（Currie，et al，2010）。

　　为了给城市发展让路，绿色植被被移除，导致了城市地区生物多样性的削弱，需要修复、保护和加强生物多样性，以抵消城市发展所带来的潜在环境问题。城市中的生物多样性往往表现为种植在水平、斜面和垂直表面的绿色植物。在这样的过程中，通过结合空中庭院和空中花园而提高的生物多样性，能为城市居民生活质量的提升创造机会，并将成为城市可持续发展相关议题的教育工具（Hui，et al，2011）。

　　最常见的开发领域之一是屋顶空间——这个环境经常被认为是城市中不可接近和被低估的一部分。绿化屋顶，可以是密集式的（覆土深度为 150~1000 毫米，而更深的覆土可以提供更广泛的种植可能，包括灌木和树木），可以是非密集式的（覆土深度为 50~150 毫米，种植着低矮的植物，并且只需要偶尔的维护），或者是裸露土壤的（一种不需要播种的绿色屋顶系统，它将经历自然的成长而几乎没有人类介入，允许当地的植物物

图 48　纽约，公共农场一号（Public Farm-1）：提供另一种食物来源并通过合作型农业促进社会互动（亚历山德拉·克罗斯比拍摄）

图 49 新加坡，启汇城（Solaris Research Centre）：生物多样性的生态走廊延伸至天空（杰森·波默罗伊拍摄）

图 50 曼哈顿，高线公园（The Highline）：恢复城市的绿化以增强这条曾经的铁路轨道的生物多样性（伊万·巴恩拍摄）

种慢慢地在屋顶生长蔓延），并在城市环境中通过为昆虫、鸟类、植物、脊椎动物和无脊椎动物的共存提供栖息地，帮助修复不平衡的城市生态系统。绿色屋顶也可以成为重要的农业来源。随着人口向城市中心转移的大趋势和随之而来的空间短缺，现有的屋顶可以转变为城市农业产品生产空间，这使它们在日益增长的紧凑型城市中能生产粮食，成为重要的替代食物来源。这种做法有助于减少对乡村农业及其能源消耗的依赖，并降低食品运输的损耗（图 48）。

当整体性考虑作为城市绿色规划的一部分时，空中庭院和空中花园可以为城市绿地系统提供一些小型空间，形成城市中能营造生物多样性的岛屿，替代由于城市开发而失去的自然栖息地。它们可以帮助补充城市绿化的损失，为更大范围的野生动物提供家园，从而增强城市中心的生物多样性。空中庭院和空中花园也可以为小鸟提供一个筑巢地，通过包含多种水果和花卉的合理植物配置来吸引蝴蝶和昆虫（Chiang，et al，2009）。土壤可以为蜘蛛、甲虫和蚂蚁提供家园，而花蜜可以在高达 20 层的空中吸引蜜蜂和蝴蝶等昆虫（Johnston，et al，2004）。空中庭院中竖向和斜向的绿色植物也可以在水平方向上进行连接，从而形成连续的自然环境系统，为野生动物提供转移的路线（图49）。在这一过程中，空中庭院和空中花园为城市绿化提供了一种方法，可以被设想为城市里连续的绿色脉络，同时，它借此机会创造了具有生物多样性的生态走廊，超越地面的局限而通向空中。这有助于在城市和郊区建立一个更大的野生动物生态走廊网络，帮助缝合和整合那些更大范围的生物多样性场所，例如公园和花园（图 50）。

在新加坡滨海湾花园项目中，建造的"超级树"开始考虑垂直绿化的连续性，以增强城市中心的生物多样性（图51）。尽管它们并非高层建筑，但其形式却被刻意地尝试，以塑造出巨大的绿色结构，与新加坡滨海湾金融区周围的高楼大厦在规模、高度和物质性上保持一致。这个公共花园中有18座这样的人造树状结构，由钢筋混凝土基础、树干、种植和林冠组成——其中12座被置于超级树林里，另外6座被分为三组，分别放置在金园和银园中，它们的高度为25~50米，能为大量的当地物种和野生动物提供栖息地。总计超过162,900株植物，包括凤梨、兰花、蕨类植物、热带花卉、攀缘植物等200个不同种类。这些构筑物不仅增强了该地区的生物多样性，而且还展示了一系列相关绿色技术，致力于减少浪费、重复利用水资源和循环利用生物物质，以保护栖息其中的其他物种，这些构筑物也是更广泛的生态系统生命周期的一部分。

图51 新加坡，滨海湾花园的"超级树"：加强生物多样性的城市机遇（上图：爱迪生·加西亚拍摄；中图、下图：赛杰尔·坦尼克拍摄）

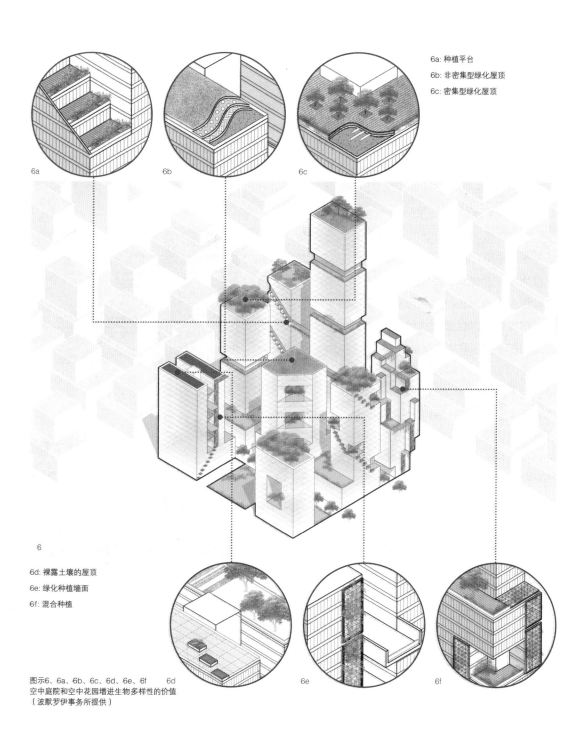

6a: 种植平台

6b: 非密集型绿化屋顶

6c: 密集型绿化屋顶

6a

6b

6c

6

6d: 裸露土壤的屋顶

6e: 绿化种植墙面

6f: 混合种植

图示6、6a、6b、6c、6d、6e、6f　6d
空中庭院和空中花园增进生物多样性的价值
（波默罗伊事务所提供）

6e

6f

2.8 空中庭院与空中花园的经济效益

在一个全球环境意识和社会意识日渐增强的时代，关于 20 世纪高楼的先入为主的观念面临着挑战，并引发了对高楼的结构、表皮以及使用功能设置的再评估。这有利于节能减排以及为后代保护自然和建成环境，这一转变具有经济学的意义。在可持续的高层建筑类型中，"空中庭院"和"空中花园"这类建筑语汇变得日益重要，因为它们不仅有助于大楼内部的节能减排，也可以吸引与高层建筑本身无关的人群前来消费。

绿化环境属性作为空中庭院和空中花园的资产，有助于节能减排，因而也有利于降低建筑的运营成本。由于植物具有吸收太阳辐射的能力，屋顶花园及其绿化已经被证实具有降低环境温度的功能（图 52）。研究证明，阳光下的黑色屋顶的温度可达 80℃，而同样面积的屋顶在种植了草地后温度只有 27℃（Gotze，1988；Kaiser，1981）。砾石屋顶温度可达 30℃，相比之下，绿化屋顶的温度是 26℃（Kaiser，1981）。绿化屋顶的隔热性能可以将该结构下的室温降低多达 10%，从而有助于减少人工制冷能耗和降低运营成本。我们同样也可以考虑空中庭院中垂直绿化的遮阳优势，与没有绿化的传统建筑相比，其立面热传递值（ETTV）的减幅可达 40%（Chiang，et al，2009）。

除了节能减排的效益以外，空中庭院和空中花园也可以通过提供空间来直接创造收益。随着城市化进程的推进，利用现有空间变得至关重要。空中庭院和空中花园使建筑设计具有"面向未来"的能力，因为空中庭院中的空隙和空中花园的上方可以被充分利用，以便增加建筑面积和局部的密度（图 53）。这种方式可以优化现有结构，并增大建筑内可出售和可租赁的区域。同时它也避免了拆除既有建筑及重新建设新建筑的麻烦——这是一个可能对自然环境、建筑环境和现存社区造成潜在

图 52 新加坡，南洋理工大学：绿色屋顶作为降低能耗的一种手段（维纳特·奥斯曼尼拍摄）

图 53 多伦多，安大略省艺术与设计学院：利用现有建筑物上方的空间使用权来增加密度（杰森·波默罗伊拍摄）

图 54 曼谷，红色天空（Red Sky）：这个影响了曼谷天际线的屋顶餐厅已成为创造收入的消费目的地（蒂姆·哈雷拍摄）

伤害的过程（Pomeroy，2012b）。

如果在建筑中嵌入向心性的空间，这种舒适性的社交功能空间同样可以带来经济收益。它们将提供便利性、娱乐性和舒适性，因为人们不用再到楼下开放空间去购物、健身以及休闲。原本处于临界规模的社交和娱乐活动摆脱了传统在地面上的空间布局，可以在空中吸引更多住户驻足，进而促进过往式买卖活动并提高收入（Pomeroy，2012a）。正如研究所示，地面公共空间提升地产的价值，空中的社交空间同样可以提升地产的价值。

因为空中花园处于高层建筑的制高点，它们同样也可以作为具有营利性的观景台、酒吧和餐厅（图 54）。帝国大厦利用其位于 86 层的观景台熬过了大萧条时期的金融危机风暴。该观景台在开业的第一年就获得了 200 万美元的旅游收入——与当年的租金收益一样多（Tauranac，1997）。在 21 世纪，有数量空前的超过 200 米的高层建筑通过观景台满足了人们对城市景观的需求。因此，屋顶的空中花园给人们提供观看难忘的天际线和城市全景的机会，也让人们驻足，在建筑和城市环境中找到自己的存在。通过设置门票，它们可以成为一项潜在的收入来源。

新加坡滨海湾金沙酒店（Marina Bay Sands）是一个成功体现空中庭院和空中花园的创收属性的当代案例（图 55）。它是一处综合性度假胜地，最多可容纳 52,000 人。三座酒店塔楼高 57 层，顶部连通，设有一座高出地面 191 米的空中花园。作为世界上最大的悬臂式公共建筑，在郁郁葱葱的热带景观中，公共花园占地 1.2 公顷，拥有长达 146 米的世界最长高空游泳池及其他各种设施。空中花园每天上午 9:30 至晚上 10:00 开放，一次最多可容纳 3,900 人。为了从观景台观看新加坡的天际线，访客们需要支付每人 10~20 新元的入场费，每天能有 54,600~78,000 新元的收入⊖。此外，该空中花园内也有众多酒吧、餐厅和商店，它们为当地居民和游客提供了一处在白天和夜晚都能进行社交互动的环境，也成一个受欢迎的游览地。如果想享用更多娱乐和休闲设施，付费客人还可以前往屋顶游泳池和表演区。

图 55　新加坡，滨海湾金沙酒店：这个 1.2 公顷的空中花园是世界上最大的悬臂式公共建筑（上图：安·安·阮拍摄；中图：杰森·波默罗伊拍摄；下图：赛杰尔·坦尼克拍摄）

⊖ 2012 年对滨海湾金沙酒店的采访。

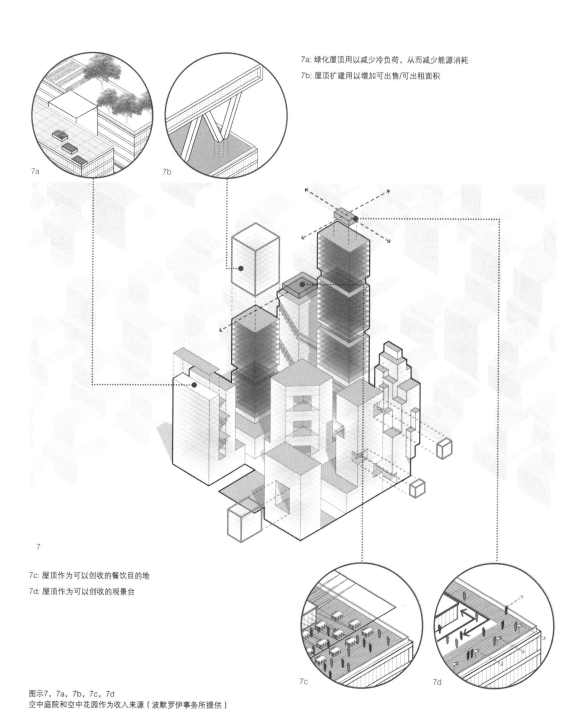

7a: 绿化屋顶用以减少冷负荷，从而减少能源消耗

7b: 屋顶扩建用以增加可出售/可出租面积

7a

7b

7

7c: 屋顶作为可以创收的餐饮目的地

7d: 屋顶作为可以创收的观景台

7c

7d

图示7，7a，7b，7c，7d
空中庭院和空中花园作为收入来源（波默罗伊事务所提供）

2.9 空中庭院与空中花园作为新的法定城市设计语汇

欧洲和美国的规划政策包括了城市更新、建造、开放空间、自然保护和排水系统，这些（几乎确实）都对塑造更加绿色的城市人居环境产生了影响。德国便是一个例子，法律要求在所有新建建筑上建造绿色屋顶，此举已经衍生出一种完整的服务产业。这使得屋顶绿化覆盖率每年增加约 1350 万平方米（Haemmerle，2002）。在芝加哥，自从在市政厅建造了第一个屋顶花园后，学校、车库、博物馆和零售场所陆续建造了超过 250 个空中花园和绿色屋顶，占地面积超过 250,000 平方米（Daley, et al, 2008）（图 56）。尽管绿色屋顶的环境经济效益被大众称颂，但是在立法中，关于建立空中的替代性"绿色"社会空间以及它们社会经济效益的讨论却明显不足。因为人们看到，有关空中庭院和空中花园设计和实施的指引十分有限。

英国建筑与建成环境委员会（The Commission for Architecture and the Built Environment，CABE）发布了大量报告，诸如《更好的公共空间宣言》，都旨在建立一个全国共识——高质量的市民空间应该是政治和财政的首要问题。该宣言进一步提倡创造公共空间以提高生活质量的重要性。我们在 CABE 的高层建筑指南中也同样看到了这一点，特别是它提到了将公共空间作为高层建筑发展主要组成部分的重要性（CABE，2007）。然而，作为补充社交空间的一种手段，它最多也不过是在城市密度增长的关键时期为高层建筑设计提供"最佳实践"建议，及提供更好的替代性空中社交空间以支持地面上的公共空间。事实再次证明，即便空中环境十分重要，欧洲和美国也缺乏相关立法，以便将空中庭院和空中花园纳入城市人居环境中更广泛的开放空间框架中。根据建筑评论家亚伦·贝茨基（Betsky）的说法，就欧洲而言，考虑到历史建筑保护的问题，这种状况情

图 56 芝加哥市政厅：戴利（Daley）市长的城市绿化远见始于他的行政大楼（菲利普·奥德菲尔德拍摄）

有可原。因为欧洲大多数城市自身便可被视作是"城市博物馆",其中充满了建筑文物,能迎合怀旧式旅游及创造收入(Betsky,2005)。

或许并不那么令人意外的是,空中庭院和空中花园中的空间、社会和环境效益反而影响了具有更高密度城市环境的国家,如新加坡等的规划立法。从历史上看,新加坡政府收取的土地出让费用是基于整体开发面积的,包括居住面积和公共面积的总和。因此,开发商会尽量使公共面积最小化,而居住(可销售)面积最大化,以提高其投资的经济回报。为了减少城市的密度、促进居民的社会互动和身心健康、获得更大的环境效益,市区重建局(The Urban Redevelopment Authority,URA,负责新加坡城市规划的政府机构)通过相关城市政策将空中庭院和空中花园视为一种认可的公共区域,而不计算在总体开发面积之内。

图 57 新加坡乔治街一号:嘉康信托(Capita Commercial Trust)办公大楼展示了利用 45 度的规则所创建的空中花园(嘉康信托提供)

该政策实施后,人们发现在任何永久性的或不透光的结构下方,高度角 45 度范围内免除面积计算是一种有效方法,开发商可以免除这部分面积的土地出让金负担。45 度线创造了良好的采光条件,并且鼓励开发商加高从地板到顶棚的高度(即更高的空中庭院),这样就可以有更多的面积不算在楼面地价之中(图 57)。这不仅有利于开发商降低开发成本,同时也使用户享受到光线充足的休憩性开放空间。

不过它们还必须满足以下条件:(1)空中庭院必须向所有居住者开放;(2)只能从公共区域进入空中庭院;(3)空中庭院用于公共活动或景观美化;(4)空中庭院的周边围墙至少有 40% 是开放的(图 58)。此外,45 度线以外的区域也可以被豁免,其附加的豁免面积上限为楼层面积的 20%,并需要满足以下条件:(1)45 度线以内的区域必须占据楼板面积的 60% 或

图 58 新加坡纽顿轩公寓(Newton Suites):空中庭院作为公共空间的案例,不计算在整个开发面积之内(霍斯特·凯切尔拍摄)

以上，其余 40%（最大）可用于补充用途；（2）剩余区域必须构成空中庭院的一个组成部分，要保持其开敞性、公共性和非商业性；（3）空中庭院 60% 以上的周界应保持开敞，并使用低矮围墙（URA，2008）（图59）。政府推出的《城市空间和高层建筑的景观绿化指引》（LUSH）进一步巩固和加强了新的和现有的绿色倡议，并导致由市区重建局和国家公园局分别倡导的城市和景观政策的协调整合。

地产商出于利润而追求地产项目可售面积的最大化，而城市为提升个体和全社区生活质量创造场所也势在必行，上述政策平衡了两者之间的关系。这些政策减弱了开发商因为前者（私人）利益而牺牲后者（公共）利益的风险。以往的开发商一贯倾向于减少休憩性空间以实现利益最大化，然而这却不利于城市居民的身心健康及房地产的长远价值。

图 59　新加坡全国职工总会（NTUC）：该案例证明了为何空中庭院面积的 60% 或以上应该保持开放并使用低矮的围墙（DP 建筑师事务所）

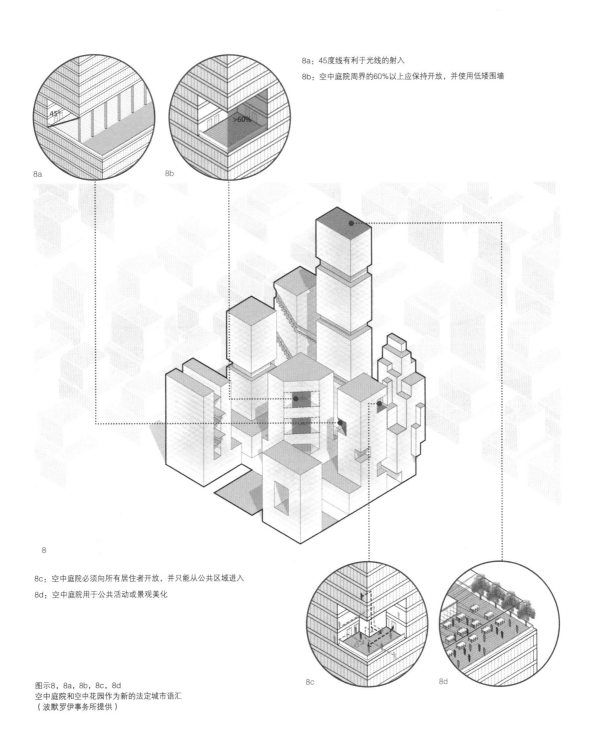

8a：45度线有利于光线的射入

8b：空中庭院周界的60%以上应保持开放，并使用低矮围墙

8

8c：空中庭院必须向所有居住者开放，并只能从公共区域进入

8d：空中庭院用于公共活动或景观美化

图示8，8a，8b，8c，8d
空中庭院和空中花园作为新的法定城市语汇
（波默罗伊事务所提供）

全球案例研究

第 3 章　全球案例研究

银河 SOHO，伊万·巴恩拍摄，扎哈·哈迪德建筑设计事务所提供

3.1 建成项目

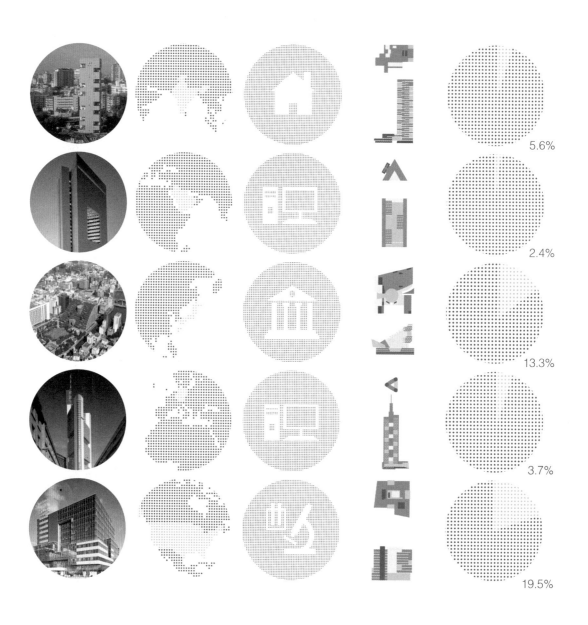

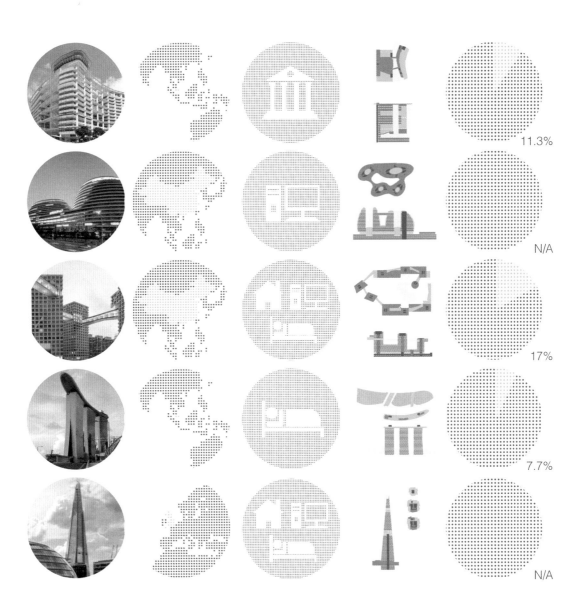

干城章嘉公寓

建筑师： 查尔斯·柯里亚事务所
(Charles Correa Associates)

地点： 印度，孟买

建成年份： 1983

高度： 84 米 | 32 层

建筑面积： 19,960 平方米

功能： 住宅

空中花园 / 空中庭院总面积： 1,020 平方米

空中花园 / 空中庭院数量： 32

空中花园 / 空中庭院占总建筑面积百分比： 5.6%

在孟买，建筑物必须采用东西朝向，以捕捉当地主导方向的海风。但不幸的是，这个朝向也是炎热的阳光和季风暴雨的吹来方向。旧式平房在主要起居空间周围设阳台，作为遮阳避雨的保护层解决了上述问题。包含 32 套豪华住宅的干城章嘉公寓，是将这些原则应用于高层建筑的一次尝试。

——查尔斯·柯里亚

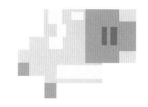

干城章嘉公寓在孟买是一座标志性的住宅。其在热带环境中的朝向表明，在创造舒适的生活环境时，特定气候因素比其他气候因素更具有层级上的优先性。这座建筑按东西向布局，从而暴露在东西向日晒和印度恶劣的季风暴雨吹来方向。然而，立面围护结构的隔热性能和深深内凹式的外窗设计，形成了一个环境缓冲器。在建筑的这一朝向能体验到来自阿拉伯海的盛行风，保留了城市的最佳景色和港口质朴怡人的风光。由于季风季节的影响在这个地区是常见的，公寓中的空中庭院提供了这样的解决方案，即两层高的空间形成风兜，同时能遮蔽低高度角的日光，为宽敞的休憩空间遮阴。柯布西耶式的内廊跃廊式住宅剖面同样能将自然风引入居住单元深处，文丘里的影响进一步强化了公寓楼的风格。这样，该设计有效地把传统单层住宅的布局策略运用到高层住宅项目中，而空中庭院则是对传统私人庭院空间的竖向重新诠释。*

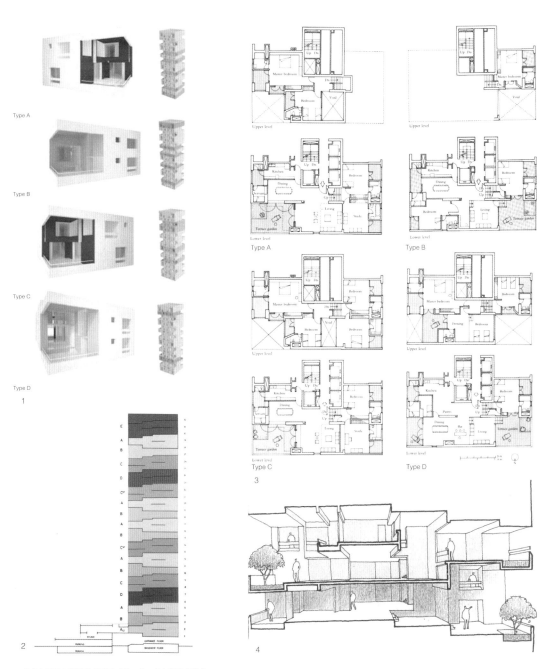

1. 公寓套型的空间结构类型（哈基·坎·乌尔茨坎提供）
2. 公寓楼剖面的套型布置图示（查尔斯·柯里亚事务所提供）
3. 不同套型的平面（查尔斯·柯里亚事务所提供）
4. 局部剖透视图（查尔斯·柯里亚事务所提供）
* 感谢查尔斯·柯里亚事务所提供部分文字

孟买干城章嘉公寓实景（查尔斯·柯里亚事务所提供）

1. 从私家阳台远眺（查尔斯・柯里亚事务所提供）
2. 私家阳台（查尔斯・柯里亚事务所提供）
3. 如同传统私人庭院空间的空中庭院（查尔斯・柯里亚事务所提供）
4. 空中庭院的布置能优化住宅内部自然通风（查尔斯・柯里亚事务所提供）

国家商业银行

建筑师： SOM 事务所 (kidmore，Owings & Merrill LLP)
地点： 沙特阿拉伯，吉达
建成年份： 1983
高度： 122 米 | 27 层
建筑面积： 57,413 平方米
功能： 商业办公
空中花园 / 空中庭院总面积： 1,394 平方米
空中花园 / 空中庭院数量： 3
空中花园 / 空中庭院占总建筑面积百分比： 2.4%

"银行塔楼的垂直性被三个戏剧性的三角形庭院打破，这些庭院在建筑立面被精心开凿出来，办公空间的窗口直接面向庭院。"

——SOM 事务所

位于吉达的国家商业银行是一座办公大楼，它是位于吉达港的商业区的门户。该大厦的内部为银行的 2000 名员工提供了宽敞的开放式空间和一系列小型办公室，还附带有许多其他与银行相关的功能。尽管这座等边三角形平面的建筑在当时并不是典型的商业空间形式，它仍然试图与当地文化和空间状况相融合。该地区传统建筑中常见的封闭庭院在这里被重新诠释为一系列竖向的遮阴空间，形成三处空中花园。这些配有绿化的替代性社会空间为使用者提供了一个交流互动的场所和城市风景的观景点，同时为玻璃幕墙遮阳。三角形的庭院垂直延伸至整栋建筑物，成为通风和采光竖井。外立面不设外窗的地方形成大面积的实墙，使人联想到传统院落中的围墙，这些围墙将庭院与外部世界阻隔开来。在这里，它们作为一个环境缓冲区，以减弱中东地区炎热阳光的影响，从而最大限度地减少建筑得热，让使用者获得更加阴凉的内部工作环境。*

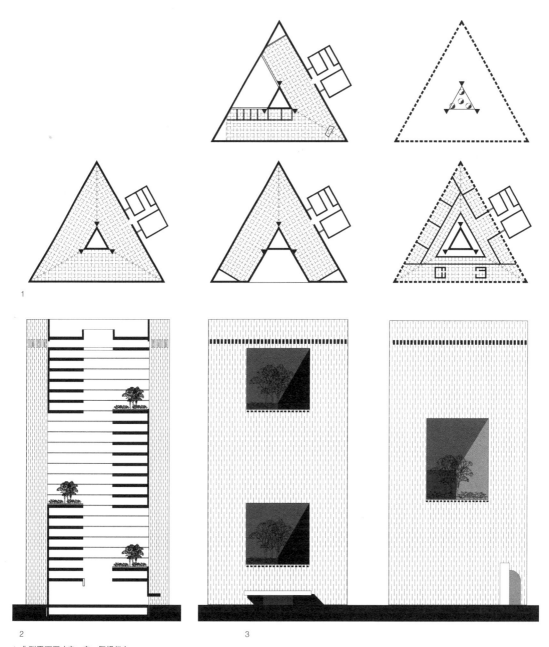

1

2

3

1. 典型平面图（安·安·阮提供）
2. 典型剖面图（安·安·阮提供）
3. 各方向立面图（安·安·阮提供）
* 感谢 SOM 事务所提供部分文字

吉达国家商业银行全景（阿卡汗建筑奖 /SOM 提供）

1. 从街道层看外部立面（帕斯卡·马尔绍提供）
2. 从花园内仰望（帕斯卡·马尔绍提供）
3. 从中庭空间向下看（帕斯卡·马尔绍提供）
4. 建筑外景（SOM 提供）

日本福冈 ACROS 国际会堂

建筑师： 埃米里奥·安柏兹事务所
(Emilio Ambasz & Associates)
地点： 日本，福冈
建成年份： 1991
高度： 60 米 I 15 层
建筑面积： 97,252 平方米
功能： 商业办公 + 公共机构
空中花园 / 空中庭院总面积： 13,000 平方米
空中花园 / 空中庭院数量： 16
空中花园 / 空中庭院占总建筑面积百分比： 13.3%

"每一个露台楼层都有一排花园供冥想、放松以逃离城市的拥挤，而最高的露台变成了一个大观景台，能观赏到福冈湾和周围群山的无敌美景。"

——埃米里奥·安柏兹

位于福冈的 ACROS 国际会堂是一个以商业办公功能为主导的混合利用开发项目。该建筑容纳了展览馆、博物馆、剧院、会议设施、政府和私人办公室、停车场和零售空间。它在城市中心的最后一片绿地上建造而成，因此，在维持发展项目的同时，必须尽可能地保存绿地。该设计有效地解决了一个常见的城市问题——可建设用地面积与公众对开放绿地的需求两者的最优化平衡。该设计通过建立一个创新性的农业城市模型来实现上述两个目标，利用一个倾斜面种植了 76 种共 35,000 株植物。通过为昆虫、无脊椎动物和鸟类营造家园，这个屋顶为增加当地的生物多样性创造了机会。

通过运用植被代表四个季节的变化，自然的观念被进一步强调。直通大楼顶部的阶梯形屋顶花园也提供了一系列的社交空间，使人能够沉思、放松和感受逃离喧嚣城市的愉悦。由于空中花园和绿化屋面的存在，有利于建筑内部保持恒定温度，而使建筑物获得更低的能耗。*

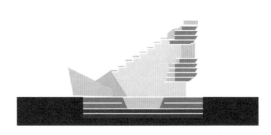

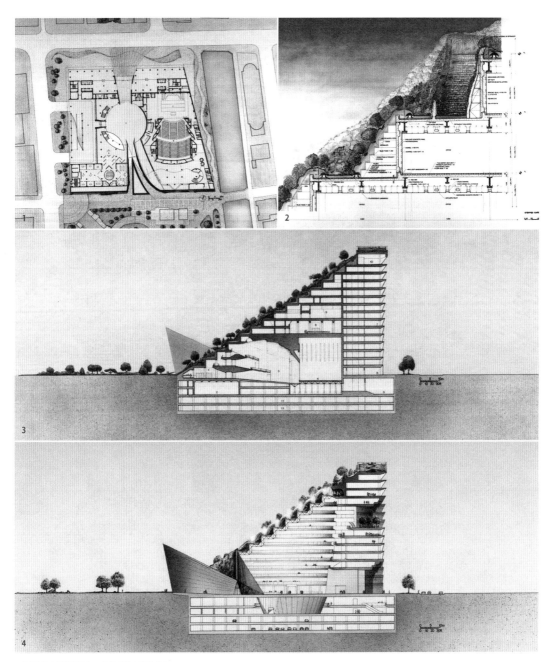

1. 总平面图（埃米里奥·安柏兹事务所提供）
2. 展示建筑和综合景观系统的局部剖面（埃米里奥·安柏兹事务所提供）
3. 主会堂剖面图（埃米里奥·安柏兹事务所提供）
4. 典型楼层剖面图（埃米里奥·安柏兹事务所提供）
* 感谢埃米里奥·安柏兹事务所提供部分文字

福冈 ACROS 国际会堂鸟瞰（渡边浩美拍摄，埃米里奥·安柏兹事务所提供）

1. 从屋顶花园俯瞰（渡边浩美拍摄，埃米里奥·安柏兹事务所提供）
2. 建筑与绿化的关系（渡边浩美拍摄，埃米里奥·安柏兹事务所提供）
3. 鸟瞰图（渡边浩美拍摄，埃米里奥·安柏兹事务所提供）
4. 从邻近的公园看屋顶绿植（渡边浩美拍摄，埃米里奥·安柏兹事务所提供）

德国商业银行

建筑师： 福斯特建筑设计事务所（Foster + Partners）
地点： 德国，法兰克福
建成年份： 1997
高度： 298 米 | 53 层
建筑面积： 120,736 平方米
功能： 商业办公
空中花园 / 空中庭院总面积： 4,500 平方米
空中花园 / 空中庭院数量： 10
空中花园 / 空中庭院占总建筑面积百分比： 3.7%

"垂直的中庭空间和花园也是一套独特的自然通风系统的一部分，在一年中的大部分时间，这套系统都能让建筑使用者打开建筑外窗来呼吸新鲜空气。这是该设计的重要节能概念之一。"

——诺曼·福斯特

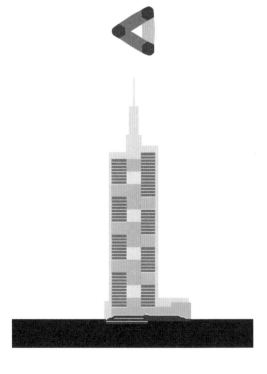

商业银行位于法兰克福市中心，是一座对周边环境十分敏感的办公建筑，也是欧洲最高的建筑物之一。建筑物平面为等边三角形，中心是一个三角形的中庭，在九个不同的楼层高度拥有很大的空中庭院，分别在建筑的三个立面朝外侧开放。这些空中庭院在立面上挖出凹槽，这些凹槽在建筑竖向每四层顺序沿各立面螺旋设置。这种设计带来环境的益处，即在楼层内部引入更多自然光，从而减少对人工照明的需要。这些空中庭院还能利用中庭（被划分成若干区段）来通风，同时不会破坏办公室内观赏城市或空中庭院的景观。这些空中庭院表现出多种功能和优势，这使其明显有别于其他城市工作环境，它们成为中心的中庭空间与外部空间之间的隔离缓冲区，有助于遮蔽太阳辐射而提供阴凉环境。将绿化融入空中庭院中，这也为在大厦中工作的人们提供了跨部门沟通交往（这通过偶发性或约定的会面来实现）的良好设施，还使该大厦比其他德国办公楼少消耗了 24%~30% 的能源。*

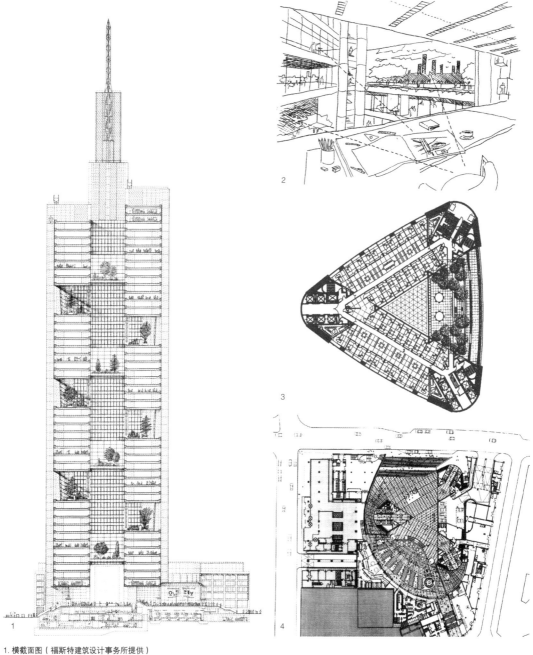

1. 横截面图（福斯特建筑设计事务所提供）
2. 从办公空间看空中庭院的草图（福斯特建筑设计事务所提供）
3. 典型平面图（福斯特建筑设计事务所提供）
4. 首层平面图（福斯特建筑设计事务所提供）
* 感谢福斯特建筑设计事务所提供部分文字

德国法兰克福商业银行的街道实景（伊恩·拉姆勃特拍摄，福斯特建筑设计事务所提供）

1. 空中花园内景（伊恩·拉姆勃特拍摄）
2. 从外部向内看中庭空间（克里斯蒂安·凯尔拍摄）
3. 空中庭院内的社交活动（奈吉尔·杨拍摄，福斯特建筑设计事务所提供）

健赞中心

建筑师： 贝尼奇建筑事务所（Behnisch Architekten）
地点： 美国，马萨诸塞州
建成年份： 2004
高度： 48.26 米 | 12 层
建筑面积： 32,500 平方米
功能： 研究和开发
空中花园 / 空中庭院总面积： 6,325 平方米
空中花园 / 空中庭院数量： 18
空中花园 / 空中庭院占总建筑面积百分比： 19.5%

　　"不同的内部庭院和花园的营造是我们整体设计方法的基础。花园是能源观念的一部分，对于内部交流而言是基本要素。我们的目的是通过创造非正式的会面空间来鼓励人们互动，从而提供一个充满活力的工作环境。"

——史蒂芬·贝尼奇

　　健赞中心建于马萨诸塞州剑桥市一片废弃场地上，是一个医学、医药研究中心。办公楼总建筑面积 32,500 平方米，容纳员工 900 余人。这座建筑的内部就像一座垂直城市，中央是宽敞的公共区域，包括一个图书馆、会议设施和一个咖啡馆，延伸到整个中庭的高度，周边则环绕着许多个人工作空间，就像是城市中的住宅。根据总体策划，总共 18 处不同的花园装点了这座建筑，每个花园都为人们提供会面、沟通的场所。按照该建筑的设计师史蒂芬·贝尼奇的说法："中庭把建筑物的各个区域竖向地、水平地连接起来。在中庭周边的开敞楼梯为花园之间和中庭周边提供了场所和路径。这些楼梯是'林荫大道'的一部分，它们从底层开始，穿越在树木和水景，并向上延伸。沿着这个垂直的'林荫大道'布置了邻里单元，即开放式的工作区域和拥有可开启外窗的独立办公室。工作区域和内部空间大部分都能通过可调节的百叶达成自然采光。"*

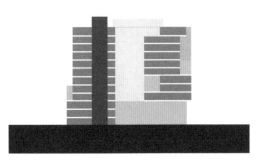

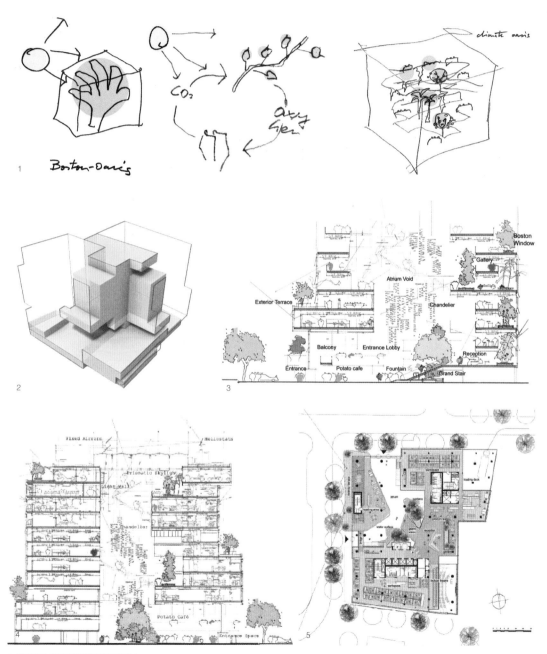

1. 概念草图（贝尼奇建筑事务所提供）
2. 体块研究（贝尼奇建筑事务所提供）
3. 花园的序列（贝尼奇建筑事务所提供）
4. 展示花园、主中庭空间和建筑场地的剖面图（贝尼奇建筑事务所提供）
5. 首层平面图（贝尼奇建筑事务所提供）
* 感谢贝尼奇建筑事务所提供部分文字

波士顿健赞中心的街景视角（安东·格拉西拍摄，贝尼奇建筑事务所提供）

1. 室内全景图（贝尼奇建筑事务所提供）
2. 中庭内洒下的自然光（健赞公司拍摄，贝尼奇建筑事务所提供）
3. 为社交场所提供了多种多样的建筑景观（贝尼奇建筑事务所提供）
4. 中庭内的大楼梯通向接待空间（安东·格拉西拍摄，贝尼奇建筑事务所提供）

新加坡国家图书馆

建筑师： T·R·哈姆扎和杨经文建筑师事务所
(T. R. Hamzah &Yeang Sdn Bhd)
地点： 新加坡，布吉斯
建成年份： 2005
高度： 102.8 米 | 16 层
建筑面积： 55,565 平方米
功能： 市政和社团机构
空中花园 / 空中庭院总面积： 6,300 平方米
空中花园 / 空中庭院数量： 14
空中花园 / 空中庭院占总建筑面积百分比： 11.3%

　　"在整个图书馆，超过 6,300 平方米的空间被指定为'绿色空间'，这营造出城市'空中庭院'，对其使用者施加积极的心理影响，并改善了总体工作环境。"

——T·R·哈姆扎和杨经文建筑师事务所

　　新加坡国家图书馆位于城市的娱乐区。该设计包括一个曲线形的体块和一个矩形的体块，前者容纳了多媒体和社区相关的功能，后者容纳参考书阅览室。两者由一系列天桥相连，这些天桥跨越中庭，而中庭从下面的公共广场竖向贯通整个体块中心。广场可容纳多达 900人参加各种文化活动，一系列的空中庭院空间和空中花园为大众提供了相似的使用机会，这样建筑物竖向的各部分空间都能为公众享用。总计超过 8,000 平方米（占总建筑面积的 10%）被设计成绿色空间。在 14 个空中庭院和空中花园中，在第 5 层和第 10 层有两个主要区域。前者被称为庭院，是一个单侧的空中庭院，它毗邻学习室，为学生互动的团队工作提供使用机会；后者是隐退空间，是一个拥有足部按摩小径和丰富的动植物群落的健康花园，是可以使人静思的地方。*

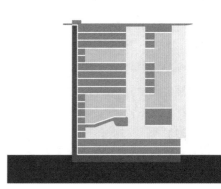

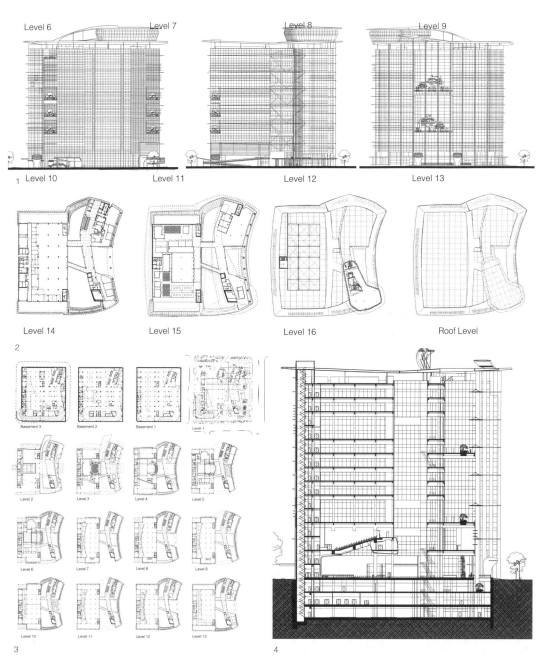

1. 建筑立面图（T·R·哈姆扎和杨经文建筑师事务所提供）
2. 上部楼层平面图（T·R·哈姆扎和杨经文建筑师事务所提供）
3. 各楼层平面图（T·R·哈姆扎和杨经文建筑师事务所提供）
4. 建筑剖面图（T·R·哈姆扎和杨经文建筑师事务所提供）
* 感谢 T·R·哈姆扎和杨经文建筑师事务所提供部分文字

新加坡国家图书馆街景照片（T·R·哈姆扎和杨经文建筑师事务所提供）

1. 中庭空间仰视实景（T·R·哈姆扎和杨经文建筑师事务所提供）
2. 从室内看空中庭院（T·R·哈姆扎和杨经文建筑师事务所提供）
3. 空中庭院一角（T·R·哈姆扎和杨经文建筑师事务所提供）
4. 交通廊道一侧的绿植（T·R·哈姆扎和杨经文建筑师事务所提供）

银河 SOHO

建筑师： 扎哈·哈迪德建筑设计事务所
(Zaha Hadid Architects)

地点： 中国，北京

建成年份： 2012

高度： 67 米 | 15 层

建筑面积： 332,857 平方米

功能： 商业办公和零售

空中花园 / 空中庭院总面积： 未知

空中花园 / 空中庭院数量： 10

空中花园 / 空中庭院占总建筑面积百分比： 未知

"在设计中位置多变的平台相互影响，产生深刻的沉浸感和包围感。当人们深入到建筑中时，他们会发现遵循着同样条理分明的形式逻辑，有着连续曲线的亲切空间。"

——扎哈·哈迪德建筑设计事务所

位于北京的银河 SOHO 是一个混合功能开发项目，其设计灵感来自中国古代的传统庭院和梯级稻田，通过参数化设计方法使其具有独特的流动形式。这个 33 万平方米的项目包括位于底部若干层的公共零售和娱乐设施。紧接其上的楼层为创新的商业集群提供了工作空间，而建筑的顶部楼层则被用作酒吧、餐厅和咖啡馆，在此能观赏城市风景。中国传统庭院和梯级稻田的概念通过多层流动的挑台设计而整合在一起，这些挑台连接了四个类似山丘的主要建筑体块。这一构图形成了一种新的城市景观。彼此独立的体块各自有中庭和交通核，但又在不同的楼层合并在一起，提供带遮阴的户外平台和有着戏剧性景观的内部空间。位置变换和富于动感的平台在多个楼层转换到彼此的视野中，形成深深的包围感和沉浸感。其结果是形成了多层次的社会空间，能使步行更便利，并增加自发性接触和社会交往的机会。*

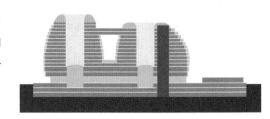

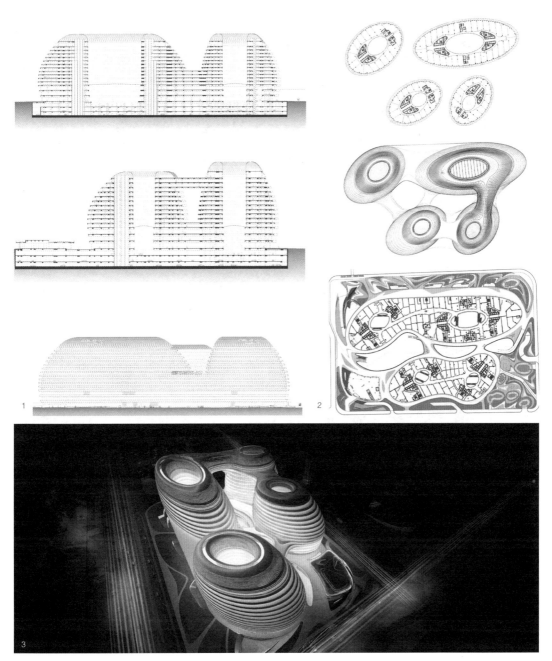

1. 总剖面与外立面图（扎哈·哈迪德建筑设计事务所提供）
2. 建筑平面图（扎哈·哈迪德建筑设计事务所提供）
3. 建筑外观效果图（扎哈·哈迪德建筑设计事务所提供）
* 感谢扎哈·哈迪德建筑设计事务所提供部分文字

银河 SOHO 街景照片（艾琳·奥哈拉拍摄）

1. 天桥连通各栋建筑，提供额外的交通路径（霍夫顿 + 克罗拍摄，扎哈·哈迪德建筑设计事务所提供）
2. 联系天桥下有遮蔽的社会空间一角（霍夫顿 + 克罗拍摄，扎哈·哈迪德建筑设计事务所提供）
3. 广场一角（霍夫顿 + 克罗拍摄，扎哈·哈迪德建筑设计事务所提供）
4. 宽阔的空中人行道（霍夫顿 + 克罗拍摄，扎哈·哈迪德建筑设计事务所提供）

北京当代 MOMA

建筑师： 史蒂文·霍尔设计事务所 (Steven Holl Architects)
地点： 中国，北京
建成年份： 2009
高度： 68 米 | 21 层
建筑面积： 221,426 平方米
功能： 商业办公、零售、公寓

空中花园 / 空中庭院总面积：	37,642 平方米
空中花园 / 空中庭院数量：	12
空中花园 / 空中庭院占总建筑面积百分比：	17%

　　"除了公寓外，该综合体还包括公共设施、商业和娱乐设施、酒店和学校。通过整体轮廓线环绕、跨越及穿越多种形式的空间楼层，这座"城中之城"将发展城市环境中的公共空间这一概念作为其核心目标，能满足超过 2500 名居民日常生活的所有活动和需求。"

　　　　　　　　　　　　　　——史蒂文·霍尔设计事务所

　　北京当代 MOMA 毗邻北京古城墙，是一个以居住为主的混合功能开发项目。该项目中的八座塔楼通过位于第 20 层的环状天桥相连，其中包括体育运动设施、教育设施、书店、咖啡馆、展览、医疗保健、邮政和管理服务空间。这些设施首先要满足 644 个住宅单位的需求，并为居民之间提供更多的偶发性交往机会。这个设计通过将上述功能竖向提升，布置在这一公共性的空中环廊，挑战了（与混合开发相关的）城市空间私有化的先入为主的观念。设计呈现为一个三维城市空间，它利用公共空间鼓励人们与他人 24 小时不间断地互动，这些公共空间由于商业、居住、教育和娱乐活动而充满活力。除了服务居民，该建筑群还为游客提供了一系列可以穿行的开放通道，从而减轻了通常居住区的隔离感。它凭借公共性的空中花园、私有空中庭院和顶层私家空中花园，已成为世界上最大的绿色住宅项目之一。*

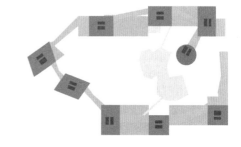

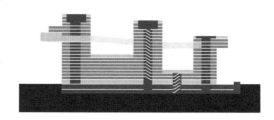

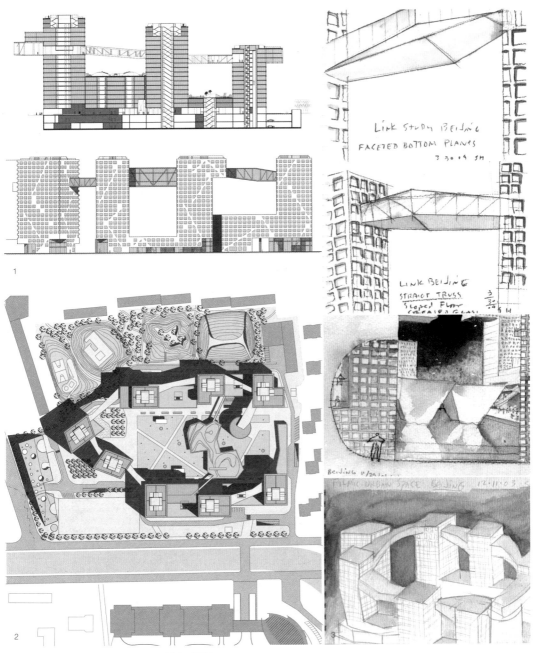

1. 建筑群的剖面图和立面图（史蒂文·霍尔设计事务所提供）
2. 总平面图（史蒂文·霍尔设计事务所提供）
3. 水彩表现的概念设计图（史蒂文·霍尔设计事务所提供）
* 感谢史蒂文·霍尔设计事务所提供部分文字

北京当代 MOMA 内部观演空间（何舒拍摄，史蒂文·霍尔设计事务所提供）

1. 天桥和屋顶花园（何舒拍摄，史蒂文·霍尔设计事务所提供）
2. 各栋建筑之间的天桥连接（伊万·巴恩拍摄，史蒂文·霍尔设计事务所提供）
3. 天桥内的观演空间（何舒拍摄，史蒂文·霍尔设计事务所提供）

新加坡滨海湾金沙酒店

建筑师： 摩西·萨夫迪 / 萨夫迪设计事务所
(Moshe Safdie / Safdie Architects)

地点： 新加坡，滨海湾

建成年份： 2010

高度： 195 米 I 57 层

建筑面积： 154,938 平方米

功能： 酒店

空中花园 / 空中庭院总面积： 12,000 平方米

空中花园 / 空中庭院数量： 1

空中花园 / 空中庭院占总建筑面积百分比： 7.7%

"多楼层分布的一系列花园为滨海湾金沙酒店提供了宽敞的绿色空间，将热带花园景观从滨海城公园一直延伸到了海湾岸边。这一景观网络加强了这个度假酒店与周围城市环境的联系，酒店区内的每一层级都有对公众开放的绿色空间。"

——萨夫迪设计事务所

新加坡滨海湾金沙酒店是一家综合性的度假酒店，拥有众多娱乐和休闲设施，其中包括金沙赌场。酒店被布置在一块新的城市场地，它整合了海滨散步道、多层的零售商场、一个标志性的博物馆和一系列的分层花园，从而使绿色空间从酒店用地范围一直延伸到海湾岸边。景观设计的中心是 1.2 公顷的空中花园，它位于三座 57 层高的酒店塔楼上，成为海湾附近那些花园的城市视觉终点。这个空中花园包含 250 棵树和 650 株其他植物，最多能容纳 3900 人。它离地面 191 米高，是世界上最大的公共性悬臂式建筑之一，在郁郁葱葱的热带景观环境中布置了一个 146 米长的游泳池。在这个空中花园内还有一些酒吧和餐厅，有助于在正常的观景平台收费之外为这个空中花园创造额外的收入。在这里能观赏新加坡金融区和老城区的全景景观，这使它成为一个热门的旅游目的地，从而为业主和经营者带来创收的机会。*

1. 塔楼横剖面图（萨夫迪设计事务所提供）
2. 顶层商业街廊平面图、空中花园平面图和博物馆剖面图（萨夫迪设计事务所提供）
3. 建筑形式的概念草图（摩西·萨夫迪）
* 感谢萨夫迪设计事务所提供部分文字

新加坡滨海湾金沙酒店街景视角（安·安·阮拍摄）

1. 拥有世界最高游泳池的空中花园（赛杰尔·坦科拍摄）
2. 从屋顶游泳池远眺（赛杰尔·坦科拍摄）
3. 屋顶观景平台（赛杰尔·坦科拍摄）
4. 空中花园中由茂盛绿叶遮蔽的休憩区（赛杰尔·坦科拍摄）

碎片大厦

建筑师： 伦佐·皮亚诺建筑工作室
(Renzo Piano Building Workshop)
地点： 英国，伦敦
建成年份： 2012
高度： 309.6 米 I 95 层
建筑面积： 110,000 平方米
功能： 商业办公、公寓、酒店
空中花园 / 空中庭院总面积： 未知
空中花园 / 空中庭院数量： 50/2
空中花园 / 空中庭院占总建筑面积百分比： 未知

> "在碎片之间'裂缝'中的开口为冬季花园提供自然通风。这里可用作约会空间或办公室的外围空间，以及公寓楼层的四季花园。它们使这座大厦与那些密封建筑中经常被割裂的外部环境建立了至关重要的联系。"
>
> ——伦佐·皮亚诺建筑工作室

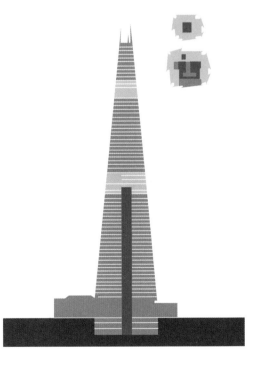

碎片大厦高 310 米，是西欧最高的混合功能建筑之一，由塞勒公司代表伦敦桥有限公司开发。公共广场之上起始的 26 层共 55,551 平方米，设计为现代高规格办公空间，每层都带有冬季花园。餐厅和酒吧占据第 31 层至第 33 层，拥有 202 间客房的五星级香格里拉酒店占据第 34 层至第 52 层，豪华公寓占据第 53 层至第 65 层，大厦以第 68 层至第 72 层的观景楼层封顶。位于第 31 层的三层通高空中庭院将办公楼层与居住楼层分开，酒吧和餐馆的客人能在这迷人的中庭欣赏令人难忘的伦敦美景。碎片大厦上的观景点还包括位于第 69 层的三层通高空中花园，其上面第 72 层的观景回廊也是三层高的开放空间。设计师伦佐·皮亚诺说："我们把该大厦看作一个小的垂直城镇，能供数千人在此工作和享受，还能供数十万人参观访问。这就是为何我们把办公室、餐馆、旅馆、观景廊和居住空间均纳入这座大厦的原因"。*

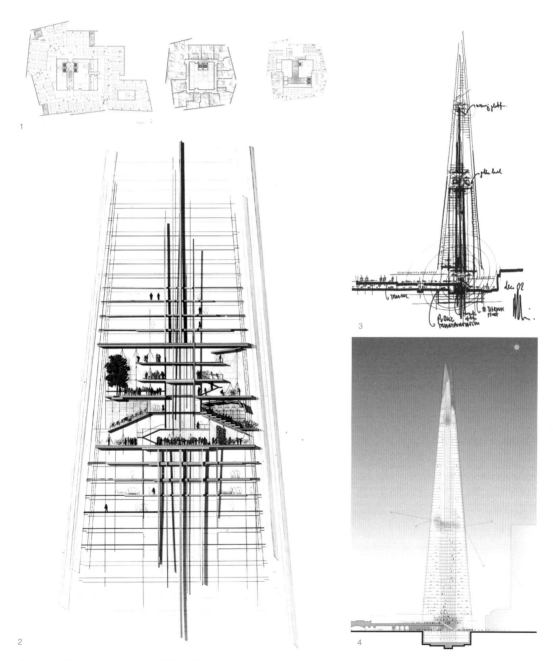

1. 第 9、32、36 层平面图（伦佐·皮亚诺建筑设计工作室提供）
2. 中间层回廊（伦佐·皮亚诺建筑设计工作室提供）
3. 伦佐·皮亚诺的设计草图（伦佐·皮亚诺建筑设计工作室提供）
4. 总体剖面图（伦佐·皮亚诺建筑设计工作室提供）
* 感谢伦佐·皮亚诺建筑设计工作室提供部分文字

伦敦碎片大厦街景（西蒙·詹金斯拍摄）

1. 餐厅内景（塞勒公司提供）
2. 从外部看碎片大厦中庭（塞勒公司提供）
3. 伦敦大桥火车站（米歇尔·迪纳克拍摄，伦佐·皮亚诺建筑设计工作室提供）

3.2 建设中的项目

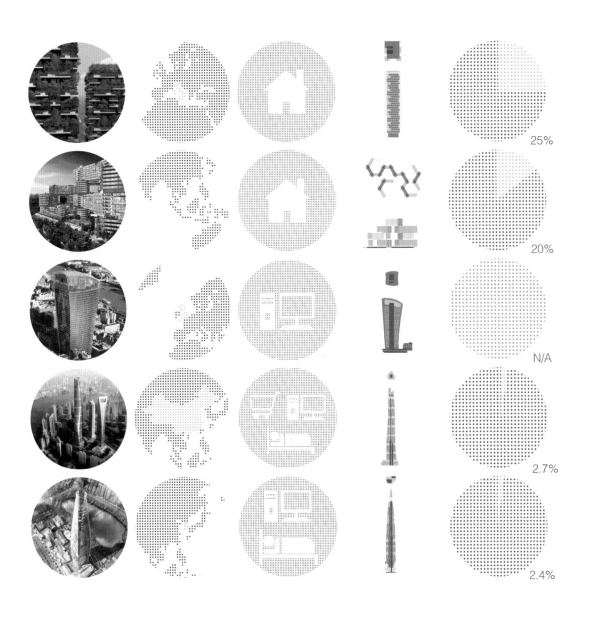

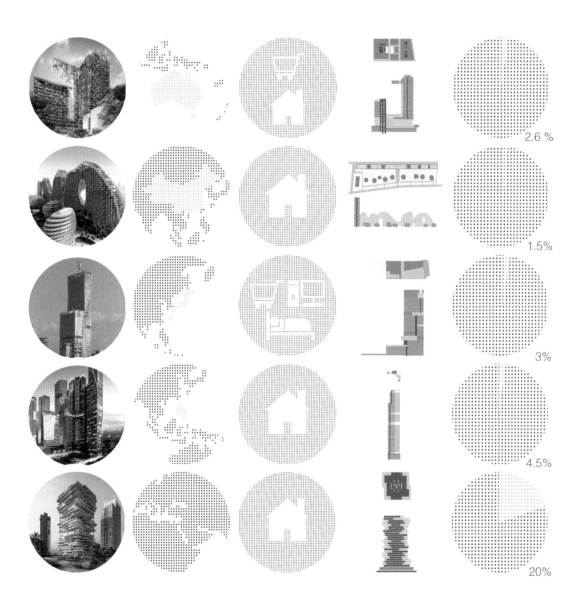

垂直森林

建筑师： 博埃里事务所（特法诺·博埃里，贾南德雷亚·巴雷尔，乔凡尼·拉瓦拉）［Boeri Studio (Stefano Boeri, Gianandrea Barreca, Giovanni La Varra)］

地点： 意大利，米兰

预期建成年份： 2013

高度： 110 米和 76 米 | 28 层和 21 层

建筑面积： 40,000 平方米

功能： 住宅

空中花园 / 空中庭院总面积： 10,000 平方米

空中花园 / 空中庭院数量： 132

空中花园 / 空中庭院占总建筑面积百分比： 25%

"正如绿色元素日益频繁地被纳入我们城市公共空间的重新设计当中，植物也正成为人们重新考虑立面（这一建筑的主要部分）时的重要材质与元素，此处的建筑性能必须在节能方面得到优化。"

——博埃里事务所

"垂直森林"项目，是城市再造森林的一种模式，它提出了一种在当代欧洲城市中补充绿化的策略。这两座分别高 110 米和 76 米的住宅楼将在米兰市中心伊索拉街区的边缘落成。除了多种灌木和花卉植物，该项目将栽种 900 棵树（每棵 3 米、6 米或 9 米高），以有效地创建一个垂直森林。这些植物和植被的运用将有助于平衡小气候，并会过滤城市环境中的灰尘颗粒。每套公寓在其每个阳台都栽种树木，这使建筑能应对城市的季节变化。在夏天它们可以遮阴，而在冬天，光秃秃的树木会让阳光穿透空间。不同季节都能过滤城市的污染。多样性的植物不但吸收二氧化碳和灰尘颗粒，还能增强湿度和降低环境温度。此外，植物将制造氧气并防止辐射和噪声污染。因此，种植策略不仅要节约能源，而且要提高生活质量，尤其是考虑种植那些已被证实对人们具有社会心理方面优点的植物。*

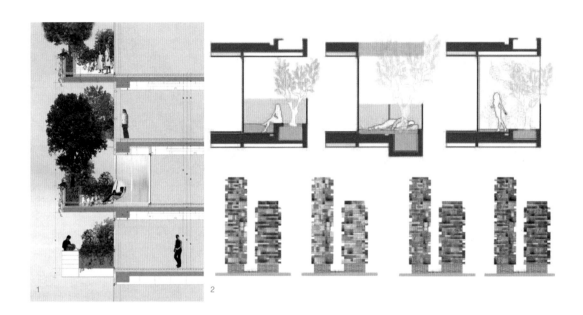

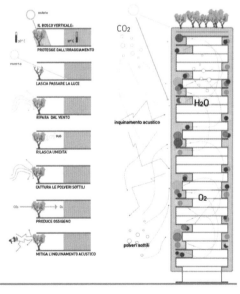

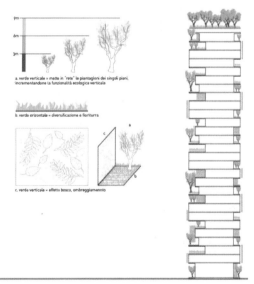

1. 人与绿植的互动（博埃里事务所提供）
2. 不同季节建筑外观的呈现（博埃里事务所提供）
3. 建筑的环境策略（博埃里事务所提供）
4. 植物种植类型（博埃里事务所提供）
* 感谢博埃里事务所提供部分文字

建设中的米兰"垂直森林"（马尔科·加罗法罗拍摄，博埃里事务所提供）

1. 建筑立面渲染图（博埃里事务所提供）
2. 向塔楼吊装树木（马尔科·加罗法罗拍摄，博埃里事务所提供）
3. 吊装树木到树池中（马尔科·加罗法罗拍摄，博埃里事务所提供）
4. 空中庭院包覆的居住单元（博埃里事务所提供）

翠城新景

建筑师： 大都会建筑事务所（OMA）
地点： 新加坡
预期建成年份： 2014
高度： 83 米 | 24 层
建筑面积： 170,000 平方米
功能： 住宅
空中花园 / 空中庭院总面积： 34,141 平方米
空中花园 / 空中庭院数量： 132
空中花园 / 空中庭院占总建筑面积百分比： 20%

"翠城新景作为新加坡最大、最具雄心的住宅开发项目之一，为热带环境中的当代生活提供了一种全新的方式。设计提出了一个复杂的生活网络和与自然环境相整合的社会空间，而不是创建新加坡住宅发展的默认类型——一组孤立的高塔。"

——大都会建筑事务所

翠城新景采用创新的设计理念，打破了常见的高层高密度住宅的建筑类型学特征。该项目建筑面积为 17 万平方米，将提供超过 1000 套不同大小的住宅单元，每一套都拥有朝向公园、城市或大海的无遮挡而不雷同的景观视野。这座大型连体建筑采用一种更易于扩展和相互连接的方式营造公共生活空间，这些公共空间被周围郁郁葱葱的绿带整合在一起。项目共有 31 个公寓体块，每个体块由 6 层楼构成，相互搭接和平衡，形成 8 个六边形的、高渗透性的大型庭院，由 9 个公共屋顶花园和 99 个私人屋顶花园充实。这些相互搭接的体块在多重楼层上创建了由公共和私人户外空间共同组成的垂直村落。项目总用地面积约 8 公顷，在地面和空中都被葱翠茂盛的热带植物覆盖。从地下室露天开口区的绿化种植，到阳台和屋顶花园，连续的景观同样竖向延伸。私家阳台为公寓提供了宽敞的室外空间和个性化种植区。*

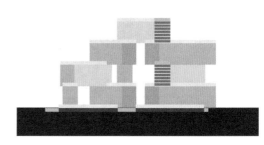

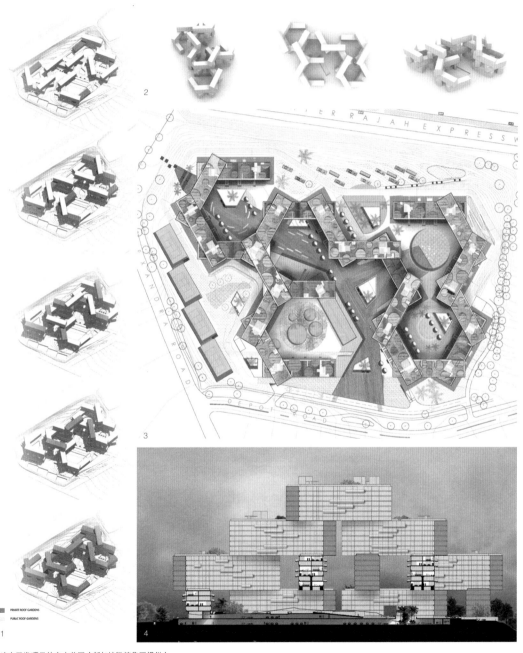

1. 遍布开发项目的空中花园（新加坡凯德集团提供）
2. 体块研究（新加坡凯德集团提供）
3. 总平面图（新加坡凯德集团提供）
4. 场地剖面图（新加坡凯德集团提供）
* 感谢大都会建筑事务所提供部分文字

新加坡翠城新景渲染图（新加坡凯德集团提供）

1. 局部鸟瞰表现图（新加坡凯德集团提供）
2. 竹园景观表现图（新加坡凯德集团提供）
3. 普通空中花园表现图（新加坡凯德集团提供）
4. 2013 年 2 月，建设中工程照（新加坡凯德集团提供）

芬丘奇街 20 号

建筑师： 拉斐尔·维诺里建筑师事务所
(Rafael Viñoly Architects PC)

地点： 英国，伦敦

预期建成年份： 2014

高度： 177 米 I 38 层

建筑面积： 64,100 平方米

功能： 商业办公 + 零售

空中花园 / 空中庭院总面积： 　　　　　未知

空中花园 / 空中庭院数量： 　　　　　1

空中花园 / 空中庭院占总建筑面积百分比： 　未知

　　"当下的伦敦是近代历史上最有趣的建筑实验基地之一。我们设计芬丘奇街 20 号的初衷就是向这座城市的历史特征致敬，顺应了制约用地的河流边线和中世纪的街道，同时也进一步为高层建筑类型的演变做出贡献。"

——拉斐尔·维诺里工作室

　　芬丘奇街 20 号是位于伦敦核心地段的一座混合功能高层建筑，由兰德证券与金丝雀码头集团合资兴建。这个设计有个绰号叫"步话机"，因其宽度随垂直高度增加而越来越大，这是为了响应租户的需求在高楼层提供更宽敞的楼面空间，并在首层使公共空间和街道景观最大化。该建筑定位于使其环境影响最小化，在东、西两侧立面及屋顶设有竖向连续的百叶进行遮阳，从而将建筑及其空中花园有机地包裹起来。位于建筑顶部的空中花园拥有一个公众易于到访的摩天大楼观景平台，这是一个戏剧性的、多层的空间，它以其优美景观、咖啡厅和 360 度的城市景观视野著称。通过一个独立的大厅和专用电梯，空中花园将免费向公众开放，这是空中花园可以在密集的城市人居中向公民社会提供"公共物品"的另一个例子。*

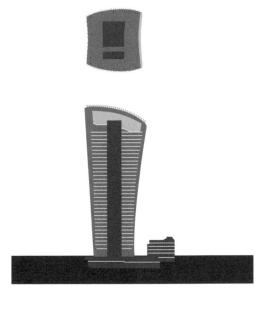

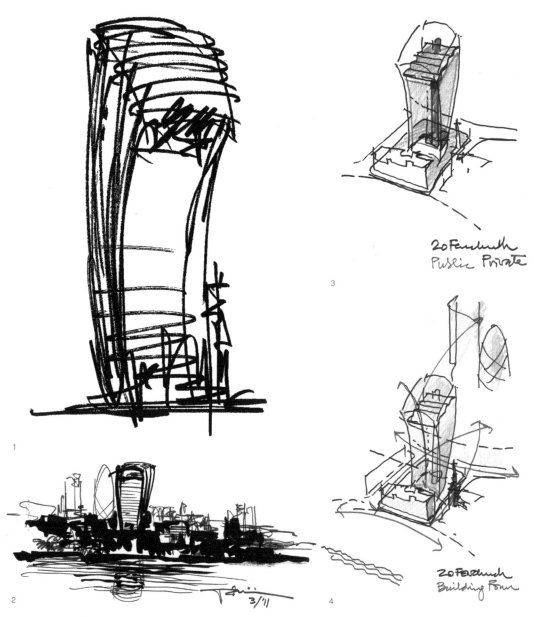

1
2
3
4

20 Fenchurch
Public Private

20 FENChurch
Building Form

3/'11

1. 概念草图（拉斐尔·维诺里工作室提供）
2. 建筑所在环境草图（拉斐尔·维诺里工作室提供）
3. "公共—私密"设计策略（拉斐尔·维诺里工作室提供）
4. 建筑形式（拉斐尔·维诺里工作室提供）
* 感谢拉斐尔·维诺里工作室提供部分文字

伦敦芬丘奇街 20 号渲染图（兰德证券与金丝雀码头集团提供）

1. 空中花园（兰德证券与金丝雀码头集团提供）
2. 从空中花园远眺（兰德证券与金丝雀码头集团提供）
3. 建造中的工程照（兰德证券与金丝雀码头集团提供）

上海中心大厦

建筑师： 金斯勒国际公司（Gensler）
地点： 中国，上海
预期建成年份： 2014
高度： 632 米 | 121 层
建筑面积： 574,000 平方米
功能： 商业办公 + 酒店 + 零售
空中花园 / 空中庭院总面积： 15,268 平方米
空中花园 / 空中庭院数量： 21
空中花园 / 空中庭院占总建筑面积百分比： 2.7%

　　"上海中心大厦强调把公共空间、商店、餐馆和其他城市公共设施战略性地布置在有公共前室的楼层，从而设想了一种栖居于超高层建筑的新途径。建筑物的每一个社区邻里都能从位于其下面的一处"天空大堂"出发而乘电梯到达。这是一个充满阳光的花园中庭，能创造社区感并支持日常生活。整座塔楼会有一种由内至外的透明性，是唯一的一座被公共空间和空中庭院所包裹的超高层建筑。"

——金斯勒国际公司

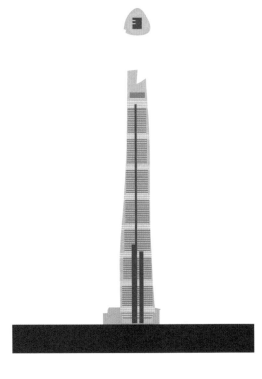

　　上海中心大厦是位于上海金融区中心的一座混合功能高塔，到 2014 年竣工后将成为世界第二高楼，预计可容纳 16,000 人使用。该建筑共有 121 层，包括办公、酒店、零售和娱乐功能，被构想为一座垂直城市。立面设计使施加在建筑物上的风荷载减少达 24%，从而减少建筑材料尤其是钢材的使用量，这样就节省了估计 5800 万美元的材料成本。该塔楼拥有一种混合发电模式，其中部分是由风力涡轮机产生的，预计它每年能够产生高达 119 万千瓦时的补充电能。该塔楼竖向分成九个区域，这可以与垂直城市做类比，其中包括供游客享用的空中庭院。每个空间区域都有自己的中庭，中庭内有一系列布置阶梯式绿植的空中花园、咖啡厅、餐厅和零售空间，拥有面向城市的 360 度开阔视野。空中庭院的作用很大程度类似于市场和广场，能让人们一整天都聚拢在一起。每人都仿佛回到了这座城市历史上那些将室内外景观设施融为一体的开放庭院。*

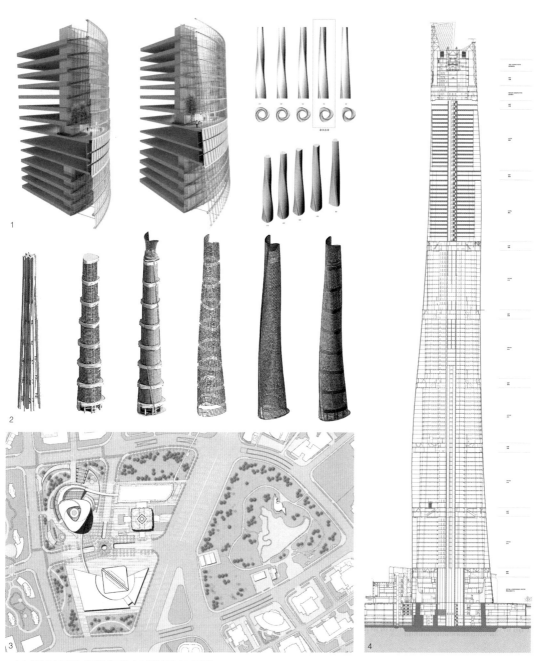

1. 空中庭院的剖透视和体形旋转研究（金斯勒国际公司提供）
2. 从结构框架到完成立面（金斯勒国际公司提供）
3. 总平面图（金斯勒国际公司提供）
4. 建筑剖面图（金斯勒国际公司提供）
* 感谢金斯勒国际公司提供部分文字

上海中心大厦渲染图（金斯勒国际公司提供）

1. 空中庭院内部表现图（金斯勒国际公司提供）
2. 总平面渲染图（金斯勒国际公司提供）
3. 建造中的上海中心大厦（金斯勒国际公司提供）

乐天世界大厦

建筑师： KPF 建筑事务所 (Kohn Pedersen Fox Associates)

地点： 韩国，首尔

预期建成年份： 2015

高度： 555 米 | 123 层

建筑面积： 303,591 平方米

功能： 商业办公 + 酒店

空中花园 / 空中庭院总面积： 7,195 平方米

空中花园 / 空中庭院数量： 4

空中花园 / 空中庭院占总建筑面积百分比： 2.4%

"空中大堂（或称空中庭院）是乐天塔设计的必要组成部分。塔楼内各类功能的堆叠组合方式多样，使得为其使用者服务的垂直运输系统十分复杂。这些空间需要在每个到达层引导使用者群体。这也减轻了在地面层提供一系列功能空间的设计压力。塔楼的低层部分已经填充了到达空间、安全通道、零售、电梯交通等。"

——KPF 建筑事务所

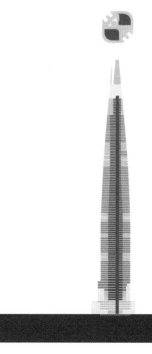

乐天世界大厦位于首尔，是一座高 555 米、共 123 层的混合用途建筑。这座"垂直城市"项目起始的七层用作零售空间，这是为了利用低层更大的面积优势，以及能通过桥梁连接到另一个大型零售和文化建筑。建筑第 13 层至 38 层用作办公空间，第 42 至 71 层为酒店式办公空间，第 76 至 101 层容纳了一个六星级豪华酒店，酒店以上至 123 层的每个办公楼层均由一家公司独立使用，也提供包括观景平台和屋顶咖啡厅这样的公共和娱乐设施。塔楼将以一个细长的圆锥体造型矗立在城市起伏不平的山地地形中，2015 竣工后将成为首尔天际线中的一个新地标。韩国陶器、瓷器和书法艺术的悠久历史，为塔楼的设计提供了最初的灵感。塔楼不间断的曲面和柔和的锥形形式反映出这些韩国艺术。贯穿建筑形体顶部到底部的缝隙朝向旧城市中心。*

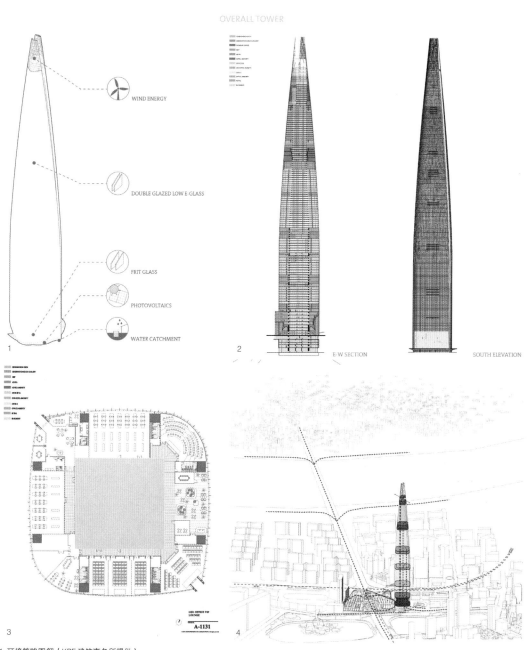

1. 环境策略图解（KPF 建筑事务所提供）
2. 建筑剖面图和立面图（KPF 建筑事务所提供）
3. 典型平面图（KPF 建筑事务所提供）
4. 流线设计图解（KPF 建筑事务所提供）
* 感谢 KPF 建筑事务所提供部分文字

首尔乐天世界大厦渲染图（KPF 建筑事务所提供）

1. VIP 休息厅（KPF 建筑事务所提供）
2. 建设中的乐天世界大厦（KPF 建筑事务所提供）
3. 大厦顶部（KPF 建筑事务所提供）
4. 观景平台（KPF 建筑事务所提供）

"垂直花园" 大楼

建筑师： 让·努维尔工作室（Ateliers Jean Nouvel）
地点： 澳大利亚，悉尼
预期建成年份： 2015
高度： 80 米和 165 米 | 16 层和 33 层
建筑面积： 250,000 平方米
功能： 住宅 + 零售
空中花园 / 空中庭院总面积： 6,600 平方米
空中花园 / 空中庭院数量： 2
空中花园 / 空中庭院占总建筑面积百分比： 2.6%

"与法国植物学家兼艺术家帕特里克·布兰科合作设计的垂直绿化覆盖了建筑 50% 的表面面积。景观设计将建筑毗邻的城市公园的绿化垂直延伸到了建筑立面上，为这栋楼的居民们创造了一个独特的生活环境，也成为悉尼城市天际线中一个有力的绿色标志物。"

——让·努维尔工作室

"垂直花园"大楼是位于悉尼中心的一个住宅和零售项目，建于一处曾经的酿酒厂厂址上。两座住宅楼分别高 16 层和 33 层，共同坐落在一个六层高的商业娱乐裙楼之上。建筑师让·努维尔与植物学家帕特里克·布兰科合作创建了超过 12 个垂直花园，通过在建筑立面上安装绿色的"垂直森林"以寻求补充城市的绿化。两座住宅塔楼立面上的垂直花园将容纳 250 种澳大利亚本土花卉和植物，能随季节变化产生不同景观。植被和藤蔓在空中庭院内外伸展，从建筑中溢出，营造出一条通往地面层公园的生态走廊。东塔楼有一个戏剧性的日光反射装置，安装在从顶部楼层伸出的一个巨大的悬臂上。日光反射装置包含了固定和机动的反射面板，这套创新系统旨在捕捉阳光，并将其反射到零售商业中庭和景观台地。在夜间，日光反射装置集成的照明系统（由照明艺术家雅恩·柯赛尔设计）将以戏剧化的、色彩鲜艳的灯光照亮两座塔楼。*

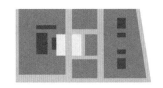

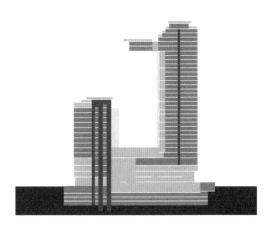

1. 建筑立面应用研究与建筑方案（让·努维尔工作室提供）
2. 反映绿色区域的总平面图和剖面图（让·努维尔工作室提供）
3. 建筑立面图和剖面图（让·努维尔工作室提供）
* 感谢让·努维尔工作室提供部分文字

悉尼"垂直花园"渲染图（让·努维尔工作室提供）

1. 带有跌水池的悬臂式空中花园外观透视图（星狮地产澳大利亚公司 + 积水建房澳大利亚公司提供）
2. 市民广场（让·努维尔工作室提供）
3. 提升 110 吨重的日光反射装置框架，该框架从立面出挑达 40 米（星狮地产澳大利亚公司 + 积水建房澳大利亚公司提供）

假山

建筑师： MAD 事务所

地点： 中国，北海

预期建成年份： 2014

高度： 194 米 I 32 层

建筑面积： 492,369 平方米

功能： 住宅

空中花园 / 空中庭院总面积： 7,195 平方米

空中花园 / 空中庭院数量： 136

空中花园 / 空中庭院占总建筑面积百分比： 1.5%

"一个更深刻的借鉴之处是中国传统建筑对于自然的迷恋。与其将建筑放在一个完美的、人造的自然花园当中，不如把建筑自身变成一个人造的自然形态：一座供人们居住的假山。"

——MAD 事务所

"假山"是位于滨海城市北海的一个居住开发项目，它挑战了先入为主的定型化建筑创作观念（如歌剧院、博物馆、体育场这样的例子，同样也是传统设计法则的例外）。根据建筑师的说法，中国新兴城市中的绝大多数开发项目都是住宅，通常通过标准化建造来保证开发商的快速经济回报。设计理念结合了两种传统的建筑形式（高塔和长板），以人造山丘的形式创建曲线的建筑轮廓。这种形式可以使居民景观视野最大化，同时也与面海的滨水地带及建筑背后的用地建立了密切的关系。贯穿建筑形体的开口能让海景和海风穿透建筑。沿着屋顶的连续平台成为居民的公共空间，其绿色的空中花园容纳了网球场、游泳池和其他许多休闲娱乐设施，它们都坐落在这座人工假山的顶上。*

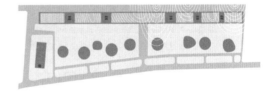

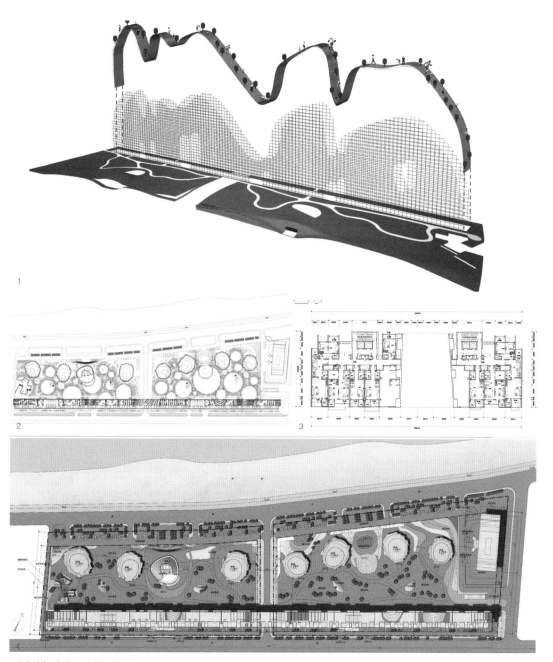

1. 绿化分布图解（MAD 事务所提供）
2. 总平面图（MAD 事务所提供）
3. 典型居住单元平面图（MAD 事务所提供）
4. 景观平面图（MAD 事务所提供）
* 感谢 MAD 事务所提供部分文字

北海"假山"住宅渲染图（MAD 事务所提供）

1. "假山"住宅夜景渲染图（MAD 事务所提供）
2. 建设中的照片（MAD 事务所提供）
3. 建设中的照片——从首层看（MAD 事务所提供）
4. "假山"住宅鸟瞰渲染图（MAD 事务所提供）

阿倍野 – 哈鲁卡斯综合体

建筑师： 竹中工务店 + 佩里・克拉克・佩里建筑师事务所 (Takenaka Corporation + Pelli Clarke Pelli Architects)

地点： 日本，大阪

预期建成年份： 2014

高度： 300 米 | 60 层

建筑面积： 306,000 平方米

功能： 零售 + 商业办公 + 酒店 + 博物馆 + 观景台

空中花园 / 空中庭院总面积： 8,752 平方米

空中花园 / 空中庭院数量： 5

空中花园 / 空中庭院占总建筑面积百分比： 3%

"这座建筑以其开放空间为特点，以此引入自然光和新鲜空气，塑造屋顶绿化空间，还能利用建筑内的厨房废弃物通过甲烷发酵获取的生物气体来供给能源。"

——竹中工务店

阿倍野 – 哈鲁卡斯综合体是位于大阪的一座 300 米高的混合功能大厦，将成为日本最高的建筑。这个项目将是世界上最大的铁路枢纽建筑物之一，包括 60 层地上建筑和 5 层地下建筑。这座约 30.6 万平方米的垂直城市将容纳多种功能，其中包括百货公司、博物馆、办公空间、酒店和观景平台。三个不同平面形式的体块通过变形和堆叠，从而把阳光和自然风引入办公空间的中央核心区，其阶梯状连续抬升的立体空中花园与毗邻的天王寺公园有机连接在一起。设置在每座建筑中的空中庭院根据用途和环境有不同的表达方式。位于地面以上 80 米的博物馆花园中，通过描绘乌梅奇高原的各种植被形成了丰富的小灌木群落。除了榉树和枫树这些落叶乔木之外，还种植了橡树这样的常绿乔木。在高大树木的底部周围种植灌木，以营造出一种森林的氛围。离地面 200 米高的空中花园种植了竹草（这里向下的气流更强），展现出山坡的感觉。第 58 层种植了橡树，为观景平台的访客提供荫蔽的环境，同时还可以将令人难忘的美景尽收眼底。*

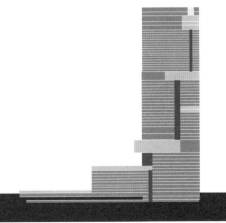

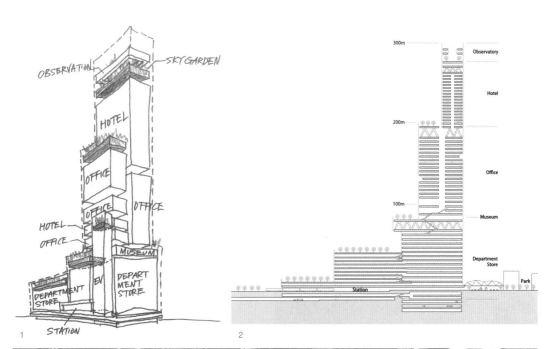

1. 概念草图（竹中工务店提供）
2. 剖面图解（竹中工务店提供）
3. 俯视平面图（竹中工务店提供）
* 感谢竹中工务店提供部分文字

大阪阿倍野 – 哈鲁卡斯综合体外观（竹中工务店提供）

1. 位于 16 层的博物馆空中花园的渲染图和工程照（竹中工务店提供）
2. 位于 38 层的酒店花园渲染图（竹中工务店提供）
3. 位于 58 层的空中花园的日景图、夜景图及工程照（竹中工务店提供）

格拉梅西住宅

建筑师： 捷得国际建筑师事务所+波默罗伊设计工作室
(Jerde Partnership Inc. + Pomeroy Studio)

地点： 菲律宾，马卡蒂

预期建成年份： 2013

高度： 280 米 I 73 层

建筑面积： 77,000 平方米

功能： 居住

空中花园/空中庭院总面积： 3,500 平方米

空中花园/空中庭院数量： 2

空中花园/空中庭院占总建筑面积百分比： 4.5%

> "格拉梅西公园绿地的曲线形式被抽象提取，用以定义浓密绿叶覆盖的墙壁和种植槽的曲线布局。本土物种的植被爬满墙面，唤起一种"悬空花园"的体验。"
>
> ——波默罗伊设计工作室

格拉梅西住宅是位于马尼拉中央商务区的一座高端住宅楼，凭借其 73 层的高度，它将成为菲律宾最高的建筑。在第 36 层和 37 层，它还拥有菲律宾最高的空中庭院。当意识到马尼拉的高密度性质和绿色空间的缺乏，设计意图确定为重建一个位于城市核心区的、美丽的袖珍公园，类似纽约曼哈顿格拉梅西公园，这里将拥有长成的树木和令人愉快的小径，居民可在此放松、锻炼或与他人接触。这座 3500 平方米的空中庭院作为一个休闲娱乐性的空中社会空间，为该大厦的居民提供了一系列设施，这样的设施在菲律宾是首次出现。除了各种健身泳池、儿童游戏区、会谈室、餐厅和酒吧、瑜伽甲板和健身房，它还完全整合了水、雾特征和丰富的垂直城市绿化，以营造一座"悬空花园"。该空中庭院也是菲律宾最高绿墙的所在地。

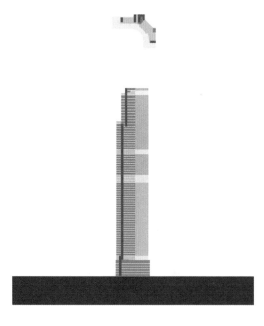

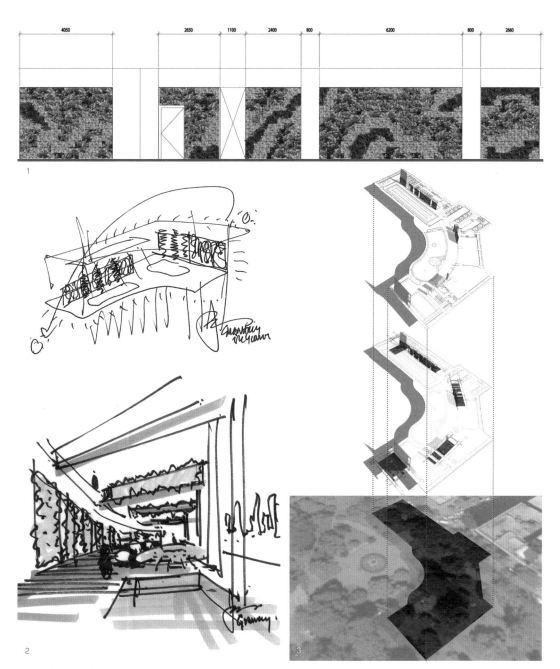

1. 室内绿墙立面图（波默罗伊工作室提供）
2. 概念草图（波默罗伊工作室提供）
3. 绿色墙体图案的概念发展（波默罗伊工作室提供）

菲律宾马卡蒂格拉梅西住宅外观（戴夫·考尔德拍摄）

1. 第 36 层的空中庭院渲染图（波默罗伊工作室提供）
2. 主游泳池和绿墙渲染图（波默罗伊工作室提供）
3. 建设中的空中花园（汤姆·埃柏森为世纪地产拍摄）

贝鲁特露台

建筑师： 赫尔佐格和德梅隆事务所
(Herzog & de Meuron)

地点： 黎巴嫩，贝鲁特

预期建成年份： 2015

高度： 119 米 | 26 层

建筑面积： 101,000 平方米

功能： 居住

空中花园 / 空中庭院总面积： 11,461 平方米

空中花园 / 空中庭院占总建筑面积百分比： 20%

"这项设计可用五个原则定义：层次和露台，内与外，植被，视野和隐私，光和个性。设计结果是一座垂直布局的建筑，不同尺寸的楼板能使开放和私密之间相互作用，从而促进了建筑室内外灵活的生活方式。"

——赫尔佐格和德梅隆事务所

"贝鲁特露台"是位于米纳埃尔霍森区的一个高端住宅项目，这里是贝鲁特声誉最好的地区，拥有许多豪华酒店、高端时尚零售店、餐馆和历史风景名胜。建筑高 119.13 米，包含 131 套单层、复式和联排公寓，其突出特征是一系列层次分明的楼层，象征着这座城市丰富而动荡的历史。建筑师根据五个具体的原则构造这座建筑，即：层次和露台，内与外，植被，视野和隐私，光和个性。设计结果是一座垂直布局的建筑，运用不同尺寸的楼板表达，以营造开放和私密两种特征，并适应在建筑内部和外部灵活的生活方式，植被和外表皮的运用使居民能拥抱自然。每套公寓不同的建构形式能使露台和出挑构件引入光线或产生阴影，营造出或遮蔽、或开敞的场所。这些交错的悬挑结构不仅制造了阴影，而且减少了施加在建筑物上的太阳热辐射，并以这种独特形象与周围环境显著区分开来。*

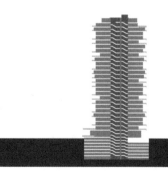

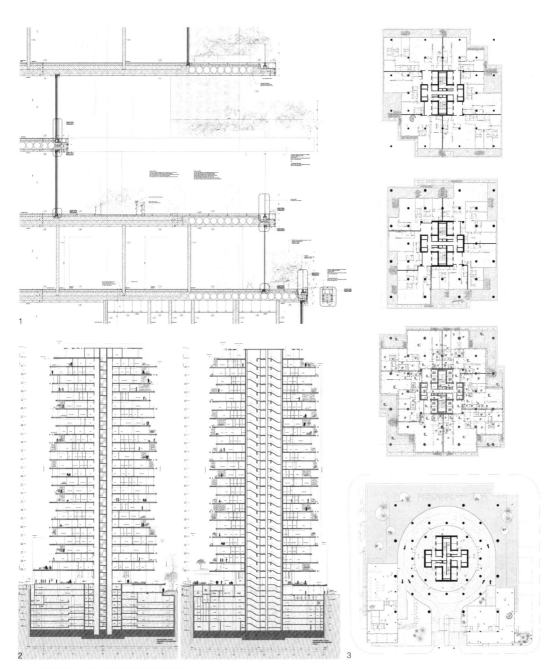

1. 外观局部剖面图（赫尔佐格和德梅隆事务所提供）
2. 建筑剖面图（赫尔佐格和德梅隆事务所提供）
3. 底层平面图（赫尔佐格和德梅隆事务所提供）
* 感谢赫尔佐格和德梅隆事务所提供部分文字

"贝鲁特露台"渲染图（赫尔佐格和德梅隆事务所提供）

1. 露台透视效果图（赫尔佐格和德梅隆事务所提供）
2. 空中庭院露台（赫尔佐格和德梅隆事务所提供）
3. 建设过程工程照（基准发展公司提供）

3.3 设计中的项目

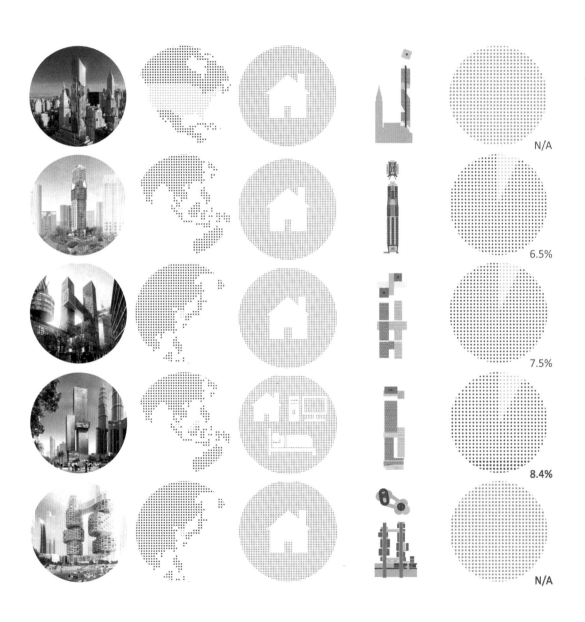

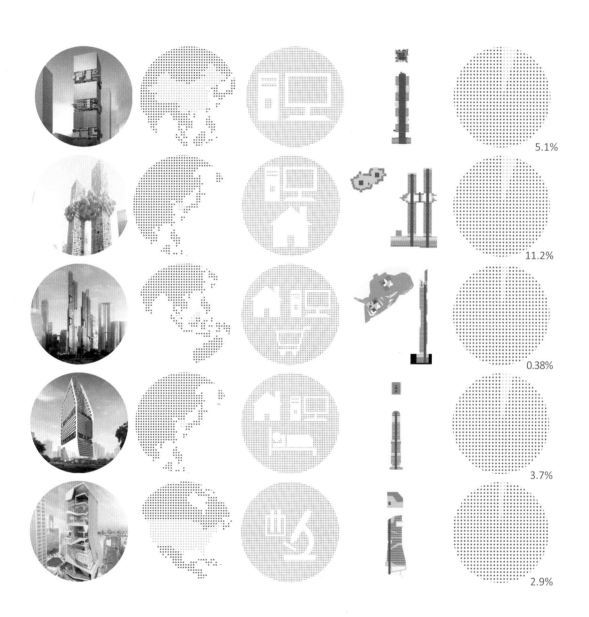

麦迪逊大道一号

建筑师：	丹尼尔·李伯斯金设计事务所 (Studio Daniel Libeskind)
地点：	美国，纽约
预期建成年份：	待定
高度：	284 米 l 54 层
建筑面积：	4,460 平方米
功能：	住宅

空中花园 / 空中庭院总面积：	未知
空中花园 / 空中庭院数量：	31
空中花园 / 空中庭院占总建筑面积百分比：	未知

"这个设计的特点是采用了一系列的螺旋花园，沿着塔楼的立面延伸了麦迪逊广场的绿地。这座塔楼与其相邻建筑保持一定距离——保证了景观视野并最大化获得阳光和空气。我们并没有只是填满塔楼，而是取出一些空间（从住宅单元）去创造花园，这些花园实际上是被裹在建筑表皮里的阳台。就好像大自然回归到了城市中一样。"

——丹尼尔·李伯斯金

"麦迪逊大道一号"将成为纽约市中心的一座 54 层高的住宅楼。该项目的发展旨在利用现有的 14 层砌体建筑上空的使用权，这是大都会人寿大楼的一个附属建筑。这个概念来自毗邻该建筑的麦迪逊广场公园里的绿色植物。设计通过螺旋形的空中花园，切割出挤压的方形平面从而形成建筑的造型。建筑高达 284 米，将成为城市中最高的住宅楼。该项目的玻璃幕墙将会被其中的绿色空间打断，并形成居民私人休闲的空中花园。居民们因此获得与室外空间的联系，吸收新鲜空气，以及种植蔬菜或植物的空间——这些都是高密度城市的稀有商品。*

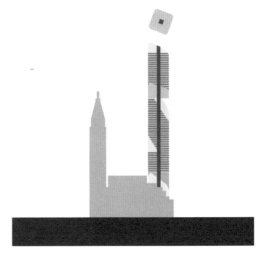

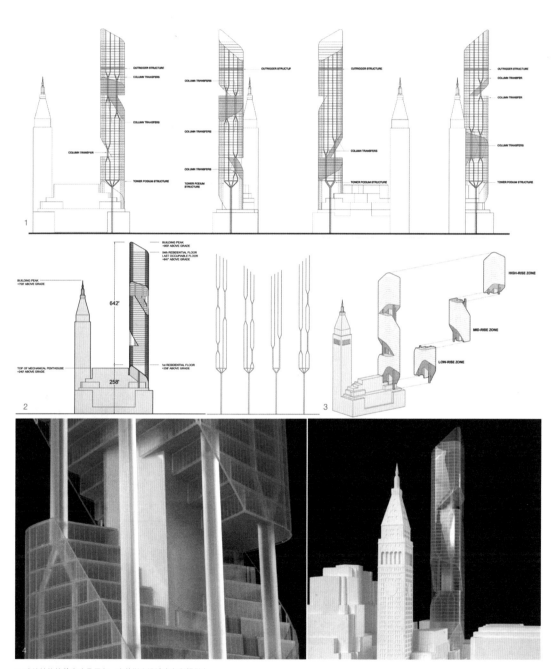

1. 建筑结构的整合（丹尼尔·李伯斯金设计事务所提供）
2. 总体高度与结构系统（丹尼尔·李伯斯金设计事务所提供）
3. 分解的区域（丹尼尔·李伯斯金设计事务所提供）
4. 模型图（丹尼尔·李伯斯金设计事务所提供）
* 感谢丹尼尔·李伯斯金设计事务所提供部分文字

纽约，"麦迪逊大道一号"透视图（丹尼尔·李伯斯金设计事务所提供）

1. 空中庭院细节视图（丹尼尔·李伯斯金设计事务所提供）
2. 夜间照明中的空中庭院空间（丹尼尔·李伯斯金设计事务所提供）
3. 街景（丹尼尔·李伯斯金设计事务所提供）

斯哥特塔楼

建筑师： UNStudio 建筑事务所
地点： 新加坡
预期建成年份： 2015
高度： 153 米 | 31 层
建筑面积： 18,500 平方米
功能： 住宅
空中花园 / 空中庭院总面积： 1,194 平方米
空中花园 / 空中庭院数量： 2
空中花园 / 空中庭院占总建筑面积百分比： 6.5%

"不同于常见的在水平方向上规划一个城市，我们创造出空中的街区——一个每个区域都有其鲜明特色的垂直城市。"
——本·范·贝克尔（Ben Van Berkel）

斯哥特塔楼（Scotts Tower）是新加坡豪华购物区乌节路中心的一座 31 层高的高层住宅建筑。垂直城市的概念可以在三个尺度中进行解释："城市""邻里"和"家"。垂直城市概念的三个要素与社交空间通过"垂直框架"和"空中框架"两种形式组合在一起。垂直框架以城市的方式组织塔楼建筑。该框架通过将四个住宅集群划分为不同的街区以创造出垂直城市效应，在大厅（1 层和 2 层）和空中露台（25 层）设置了塔楼的娱乐设施。建筑通过其类型、规模、分布以及与户外空间的衔接度定义了四种不同类别的住宅群体。在开发过程中，有一个绿化区域一直延伸到这个塔楼项目的场地。此绿化区域集成了多种娱乐设施，包括儿童游泳池、餐厅、烧烤亭、50 米长的游泳池和健身房。此外，居住者还可以享受由上部和下部梯田式框架所创造的空中庭院空间。*

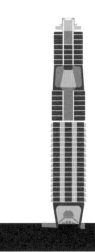

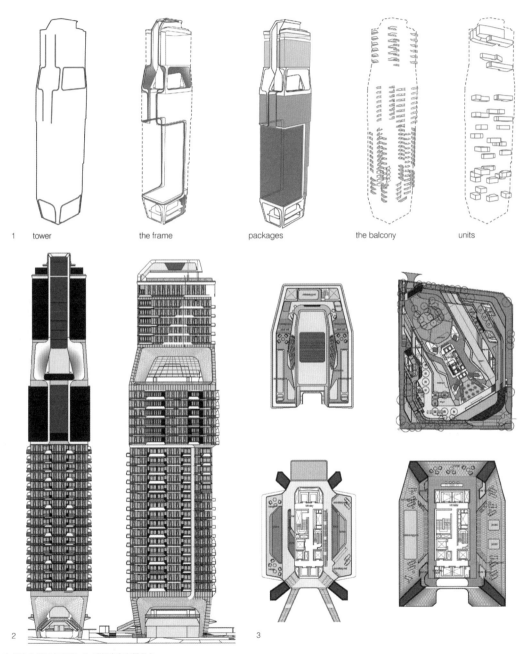

1　tower　　the frame　　packages　　the balcony　　units

2　　　　　　　　　　　　　　　　　　3

1. 概念分析图（UNStudio 建筑事务所提供）
2. 东立面图与北立面图（UNStudio 建筑事务所提供）
3. 平面图（UNStudio 建筑事务所提供）
* 感谢 UNStudio 建筑事务所提供部分文字

新加坡，斯哥特塔楼渲染图（UNStudio 建筑事务所提供）

1. 空中庭院鸟瞰全景图（UNStudio 建筑事务所提供）
2. 顶层公寓的空中庭院（UNStudio 建筑事务所提供）
3. 空中庭院楼层的泳池（UNStudio 建筑事务所提供）

交叉塔

建筑师：	BIG 建筑事务所
地点：	韩国，首尔
预期建成年份：	2016
高度：	214 米和 204 米 I 140 层
建筑面积：	99,400 平方米
功能：	住宅
空中花园 / 空中庭院总面积：	5,992 平方米
空中花园 / 空中庭院数量：	2
空中花园 / 空中庭院占总建筑面积百分比：	7.5%

"三座公共桥梁从不同层高将两个细长的塔楼连接起来——分别为地下层、街道层和空中层。依据不同居民、不同年龄层和不同文化的需求，这些桥梁为传统上受地面限制的多种活动提供了景观和设备的支持。"

——比雅克·英格斯（Bjarke Ingels）

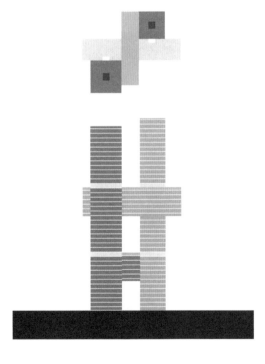

交叉塔（Cross # Towers）是位于首尔龙山国际商业区的双塔楼结构住宅，它将成为城市新的文化和商业中心的标志。该设计包括两座高度为 214 米和 204 米的塔楼。巨大的建筑体量被转化成一高一低的平台，分别在 140 米和 70 米处连接两座塔楼。两座塔楼还通过首层的酒吧和地下层的庭院相连。高处的桥和低处的桥均包含空中庭院和屋顶花园，面向居民开放并可开展户外活动。此外，处于项目核心的庭院是整体建筑设计的一个重要组成部分。居民和游客可以欣赏到邻近塔楼的景观，并且可以通过庭院的零售区进行视线上的连接。外部景观概念旨在将传统庭院空间的魅力与建筑的现代感结合起来。这些塔楼能容纳 600 多个高端住宅和设施，还包括图书馆、美术中心和幼儿园。*

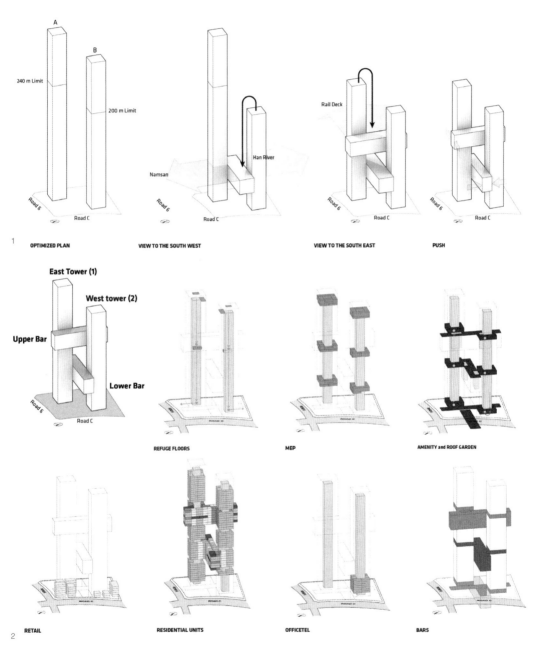

1. 概念设计过程（BIG 建筑事务所提供）
2. 塔楼内部的独立系统（BIG 建筑事务所提供）
* 感谢 BIG 建筑事务所提供部分文字

首尔，交叉塔渲染图（BIG 建筑事务所提供）

1. 主体空中花园（BIG 建筑事务所提供）
2. 空中花园景观区（BIG 建筑事务所提供）
3. 层叠的空中花园鸟瞰图（BIG 建筑事务所提供）

安卡萨·拉亚大厦

建筑师： 奥雷·舍人建筑事务所 (Büro Ole Scheeren)
地点： 马来西亚，吉隆坡
预期建成年份： 2016
高度： 268 米 | 65 层
建筑面积： 165,00 平方米
功能： 住宅 + 办公 + 医疗
空中花园 / 空中庭院总面积： 13,780 平方米
空中花园 / 空中庭院数量： 4
空中花园 / 空中庭院占总建筑面积百分比： 8.4%

"安卡萨·拉亚（Angkasa Raya）大厦展示了在一个亚洲国家的首都中心拓展生活和活动的可能性。茂盛的绿色花园和平台为周围极高密度的大都市环境提供了亲密性，同时精心设计的遮阳立面和自然通风的中庭强调了对环境的响应。"

——奥雷·舍人建筑事务所

安卡萨·拉亚大厦是一座位于吉隆坡市中心地带的多功能高层建筑，正对马来西亚国家石油公司双子塔。该项目包括商业办公室、豪华酒店、服务式公寓、零售和餐饮。在两个垂直街区之间是"空中平层"，其中包含酒吧、餐厅、户外用餐区、无边泳池、宴会厅和其他多功能休闲和商务空间，在这里可欣赏到葱郁青翠的吉隆坡天际线景观。在距离城市地面以上 120 米处，有四层热带花园和供人们活动的场地，通常被称为"空中花园"。该项目将城市绿化同时纳入地面和空中层，创造了一系列户外景观和社交活动空间，为植物和植被提供了大量的生长区域。这些区域不仅可以提供促进社会交往的环境，而且还可以通过绿色屋顶的隔热性能，以及地面和天空水平遮阳板的帮助减少其碳排放。此外，塔楼立面采用模块化铝制遮阳装置，并通过对其进行几何优化和细致调整，减少强烈阳光下的太阳辐射得热。*

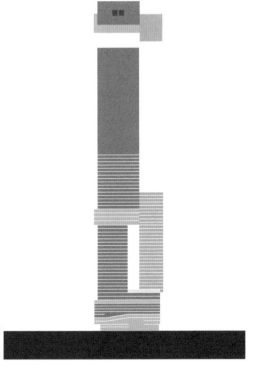

1. 空中庭院与街道的关系示意图（奥雷·舍人建筑事务所提供）
2. 剖面透视图（奥雷·舍人建筑事务所提供）
3. 建筑立面图与剖面图（奥雷·舍人建筑事务所提供）
* 感谢奥雷·舍人建筑事务所提供部分文字

吉隆坡，安卡萨·拉亚大厦透视图（奥雷·舍人建筑事务所提供）

1. 空中庭院视野（奥雷·舍人建筑事务所提供）
2. 室内绿化中庭空间（奥雷·舍人建筑事务所提供）
3. 空中庭院外景（奥雷·舍人建筑事务所提供）
4. 街道透视图（奥雷·舍人建筑事务所提供）

维洛塔楼

建筑师： Asymptote 建筑事务所：哈尼·拉希德 + 丽莎·安妮·康特尔 (Asymptote Architecture：Hani Rashid + Lise Anne Couture)

地点： 韩国，首尔

预期建成年份： 未知

高度： 153 米 | 40 层

建筑面积： 未知

功能： 住宅

空中花园 / 空中庭院总面积： 未知

空中花园 / 空中庭院数量： 14

空中花园 / 空中庭院占总建筑面积百分比： 未知

"通过屋顶花园、共享设施和环绕开放式采光中庭的内部交通的共同作用，垂直分布的体块为天际线创建出独特的 6~8 层的住宅社区。连接塔楼的两座桥梁结构包含了住宅的共享公共设施，并作为邻里尺度的'连接器'被塔楼里的居民所使用。"

——Asymptote 建筑事务所

维洛塔楼（Velo Towers）由一系列住宅建筑组成，共有 500 套公寓，位于首尔龙山国际商业区。项目通过将两座不同规模和体量的塔楼分解为相互连接的圆形和椭圆形体量，为传统塔楼设计中的重复性和整体紧凑性措施提供了另一种建筑和城市设计上的响应。"通过屋顶花园、共享设施和环绕开放式采光中庭的内部交通的共同作用，垂直分布的体块为天际线创建了独特的 6~8 层的住宅社区。连接塔楼的两座桥梁结构包含了住宅的共享公共设施，并作为邻里尺度的'连接器'被塔楼里的居民所使用。"该建筑物升起的基座盘旋在周围的公共景观之上，两座天桥漂浮在 30 层以上，包括健身、娱乐中心、休息室、游泳池、水疗中心、咖啡馆以及空中花园，在这里可以欣赏整个龙山区的壮观景色。*

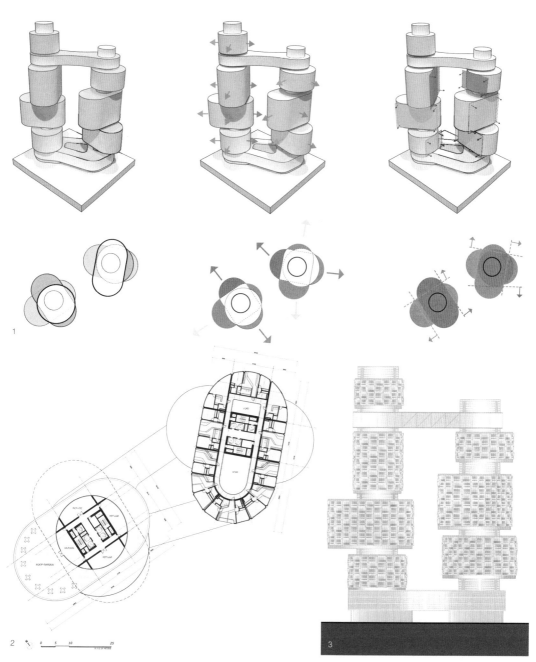

1. 概念分析图（Asymptote 建筑事务所提供）
2. 住宅屋顶花园平面图（Asymptote 建筑事务所提供）
3. 建筑立面（Asymptote 建筑事务所提供）
* 感谢 Asymptote 建筑事务所提供部分文字

首尔，维洛塔楼透视图（Asymptote 建筑事务所提供）

1. 空中花园鸟瞰图（Asymptote 建筑事务所提供）
2. 建筑表皮与桥梁的连接（Asymptote 建筑事务所提供）
3. 外部基座（Asymptote 建筑事务所提供）
4. 桥梁连接鸟瞰图（Asymptote 建筑事务所提供）

SBF 塔楼

建筑师：	Atelier Hollein 建筑事务所
地点：	中国，深圳
预期建成年份：	2014
高度：	200 米丨42 层
建筑面积：	80,500 平方米
功能：	办公

空中花园 / 空中庭院总面积：	4,320 平方米
空中花园 / 空中庭院数量：	75
空中花园 / 空中庭院占总建筑面积百分比：	5.1%

"每个单独的楼层外观上各不相同，较深的缩进和大尺度向外延伸的悬臂沿着虚构的立面分隔线互相交叉，并种满了植物。这些空中花园的优点是它们多种功能的外观非常灵活，并且可以轻松地满足各种需求。"

——Atelier Hollei 建筑事务所

SBF 大厦在深圳高层建筑中成了重要的一员，在建筑群中位于一个明显的街角位置。这座 42 层高的建筑基于一个简单的 45 米 x 45 米的正方形平面而建，总高度为 200 米，总建筑面积为 80,500 平方米。大楼底部区域的裙楼包含了大楼的入口、公共商务大厅和高级餐厅。塔楼如同雕塑一般矗立起来，空中花园和娱乐设施与建筑相融合，创造出塔楼独特的外观。在垂直方向上塔楼是一个分层结构，具有五层楼和六层楼的两种不同区域，每一部分重复交替三次和四次。每一个工作区以相同的 6 层楼为一个单元和一个正方形的外部平台组成。但交替的 5 层楼区域在外观上是高度复杂的：每个单独的楼层外观上各不相同，较深的缩进和大尺度向外延伸的悬臂沿着虚构的立面分隔线互相交叉，并种满了植物。这些空中花园的优点是它们多种功能的外观非常灵活，并且可以轻松地满足各种需求。*

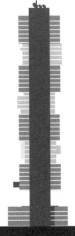

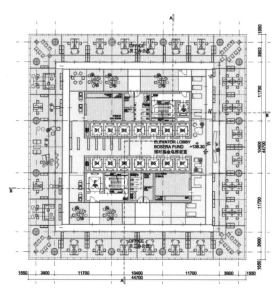

BOXLEVEL 30
标准楼层

1

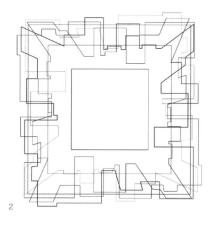

2

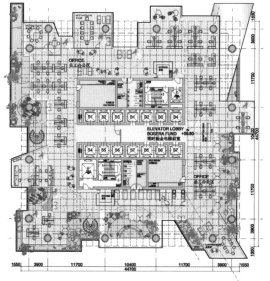

SKYGARDEN FLOOR D 13
花园层D

3

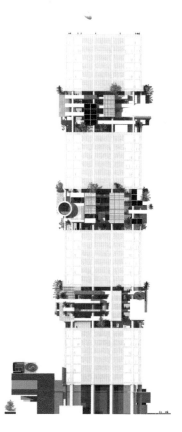

4

1. 标准楼层平面图（Atelier Hollein 建筑事务所提供）
2. 塔楼标识（Atelier Hollein 建筑事务所提供）
3. 空中花园层平面图（Atelier Hollein 建筑事务所提供）
4. 背立面（Atelier Hollein 建筑事务所提供）
* 感谢 Atelier Hollein 建筑事务所提供部分文字

深圳，SBF 塔楼透视图（Atelier Hollein 建筑事务所提供）

1. 外部细节图（Atelier Hollein 建筑事务所提供）
2. 天际线（Atelier Hollein 建筑事务所提供）

空中村落，"云"中居住

建筑师： MVRDV 建筑事务所
地点： 韩国，首尔
预期建成年份： 2016
高度： 260 米 | 54 层
建筑面积： 128,000 平方米
功能： 住宅 + 办公
空中花园 / 空中庭院总面积： 14,357 平方米
空中花园 / 空中庭院数量： 22
空中花园 / 空中庭院占总建筑面积百分比： 11.2%

"通过将公共项目整合到'云'中，这种建筑类型为城市增加了一种更社会化的方式。除住宅功能外，此项目还在'云'中设置了 14,357 平方米的设施：空中休息厅——一个大型连通中庭、健康中心、会议中心、健身室、各种游泳池、餐厅和咖啡馆。在'云'顶设有一系列公共和私人的外部空间，如露台、甲板、花园和游泳池。"

——MVRDV 建筑事务所

"云"（The Cloud）是位于首尔龙山国际商业区的豪华双塔型混合功能住宅发展项目。该开发项目包含 9,000 平方米的办公空间（办公 – 酒店）和 25,000 平方米的具有特定布局的全景公寓。两座塔楼的顶层都预留给 1,200 平方米的顶楼公寓，并设有私人屋顶花园。这两座住宅大楼被一个包含着多层次的娱乐环境所打断，并暗示出云的形式。"云"位于建筑结构的 27 层，并试图将通常与地面联系在一起的设施放置在天空中——从而腾出地面空间，并让景观设计师玛莎·施瓦茨（Martha Schwartz）环绕着塔楼设计了好几座花园、游泳池和广场。"云"将以像素化形式在 10 层楼上蔓延，并容纳连通的中庭、康体中心、餐厅、咖啡馆、健身设施和会议中心。在"云"顶设有一系列公共和私人的外部空间，如露台、甲板、花园和泳池。为了能够方便到达"云"，使用者可以通过特殊的快速电梯。在地面将会建造联排别墅，而较高的楼层为豪华公寓提供空间。顶层则是带私人空中花园的顶层公寓。*

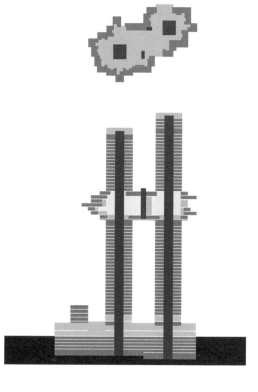

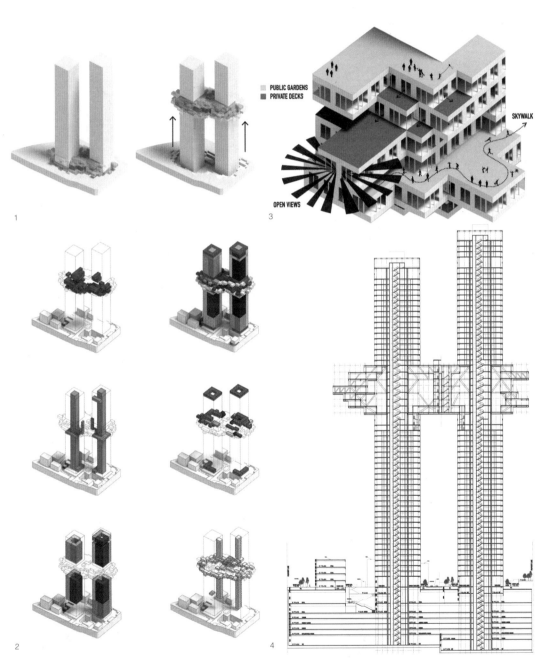

1. 概念设计（MVRDV 建筑事务所提供）
2. 建筑项目（MVRDV 建筑事务所提供）
3. "云"概念（MVRDV 建筑事务所提供）
4. 建筑剖面（MVRDV 建筑事务所提供）
* 感谢 MVRDV 建筑事务所提供部分文字

首尔，"云"渲染图（MVRDV 建筑事务所提供）

1. "云"中平台鸟瞰图（MVRDV 建筑事务所提供）
2. 空中花园甲板（MVRDV 建筑事务所提供）
3. "云"中大堂（MVRDV 建筑事务所提供）
4. "云"的外部空间（MVRDV 建筑事务所提供）

舞龙大厦

建筑师：	阿德里安·史密斯 + 戈登·吉尔建筑事务所 (Adrian Smith + Gordon Gill)
地点：	韩国，首尔
预期建成年份：	待定
高度：	450 米和 390 米 l 88 层和 77 层
建筑面积：	123,093 平方米和 111,951 平方米
功能：	住宅 + 办公 + 零售
空中花园 / 空中庭院总面积：	510 平方米 / 388 平方米
空中花园 / 空中庭院数量：	2
空中花园 / 空中庭院占总建筑面积百分比：	0.41%/0.35%

"'舞龙大厦'鳞片般的建筑表皮是其重要的外观元素。其重叠面板之间的缝隙是可以人工操作的 600 毫米宽的通风口，空气可以通过该通风口实现循环，使建筑表皮像某些动物表皮一样可以'透气'。"

——阿德里安·史密斯 + 戈登·吉尔建筑事务所

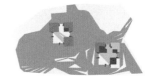

舞龙大厦（Dancing Dragons）是首尔龙山国际商业区的一个综合发展项目。它包括住宅、办公和商业功能，并由细长而尖角的迷你塔楼围绕核心区以悬挑的方式组成。其设计理念是非常现代的，同时也引入了传统的韩国文化。迷你塔楼的特点是戏剧性地对体量进行对角切割，创造出在结构之外悬浮的居住空间。这让人联想到韩国传统宝塔的屋檐——这一设计主题在建筑表皮的几何形状和塔楼基座上突出的雨棚中都有呼应。这个主题在建筑表皮中也得到了延伸，暗示鱼类和神话生物"龙"的鳞片，并仿佛围绕着核心筒跳舞——该项目因此得名。（Yongsan，作为整个项目的名称，意为韩国的"龙山"）。迷你塔楼的分隔提供了高品质的顶层复式单元，在单元中可欣赏到首尔市区和邻近汉江的 360 度全景，以及获取丰富的自然光线。在空中庭院里还可以享受休闲活动，包括品酒室、水疗中心、休息室、游戏室、剧院、练习场、运动场所和健身室。*

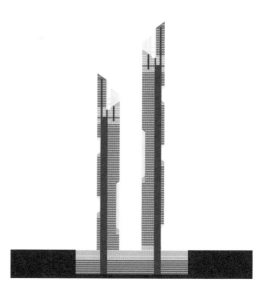

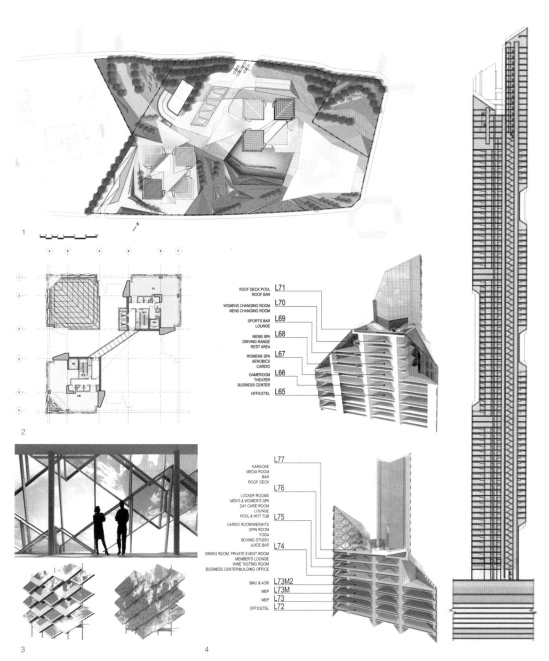

ROOF DECK POOL
ROOF BAR — L71

WOMENS CHANGING ROOM
MENS CHANGING ROOM — L70

SPORTS BAR
LOUNGE — L69

MENS SPA
DRIVING RANGE
REST AREA — L68

WOMENS SPA
AEROBICS
CARDIO — L67

GAMEROOM
THEATER
BUSINESS CENTER — L66

OFFICETEL — L65

KARAOKE
MEDIA ROOM
BAR
ROOF DECK — L77

LOCKER ROOMS
MEN'S & WOMEN'S SPA
DAY CARE ROOM
LOUNGE
POOL & HOT TUB — L76

CARDIO ROOM/WEIGHTS
SPIN ROOM
YOGA
BOXING STUDIO
JUICE BAR — L75

DINING ROOM, PRIVATE EVENT ROOM
MEMBER'S LOUNGE
WINE TASTING ROOM
BUSINESS CENTER/BUILDING OFFICE — L74

BMU & AOR — L73M2
MEP — L73M
MEP — L73
OFFICETEL — L72

1
2
3
4

1. 总平面图（阿德里安·史密斯＋戈登·吉尔建筑事务所提供）
2. 屋顶平面图（阿德里安·史密斯＋戈登·吉尔建筑事务所提供）
3. 表皮分析图（阿德里安·史密斯＋戈登·吉尔建筑事务所提供）
4. 建筑设施与建筑剖面（阿德里安·史密斯＋戈登·吉尔建筑事务所提供）
* 感谢阿德里安·史密斯＋戈登·吉尔建筑事务所提供部分文字

首尔，"舞龙"大厦渲染图（阿德里安·史密斯＋戈登·吉尔建筑事务所提供）

1. 中庭内部（阿德里安·史密斯 + 戈登·吉尔筑事务所提供）
2. 楼梯视图（阿德里安·史密斯 + 戈登·吉尔建筑事务所提供）
3. 屋顶活动空间（阿德里安·史密斯 + 戈登·吉尔建筑事务所提供）
4. 主入口（阿德里安·史密斯 + 戈登·吉尔建筑事务所提供）

面纱大厦

建筑师：　　　　　波默罗伊建筑事务所（Pomeroy Studio）
地点：　　　　　　马来西亚，吉隆坡
预期建成年份：　2015
高度：　　　　　　150米 l 38层
建筑面积：　　　　51,500平方米
功能：　　　　　　住宅 + 商业 + 酒店
空中花园 / 空中庭院总面积：　　　　　　　　　1,921平方米
空中花园 / 空中庭院数量：　　　　　　　　　　4
空中花园 / 空中庭院占总建筑面积百分比：　　　3.7%

　　"'面纱'大厦（The Veil）呈现出从单一功能塔楼向混合功能高层建筑的范式转变，重新定义21世纪吉隆坡市中心的高层建筑。项目包括办公、零售、餐饮、酒店和顶层公寓，这些功能都是由空中庭院划分的——有效地为城市提供了垂直挤压出来的空间。"

——波默罗伊建筑事务所

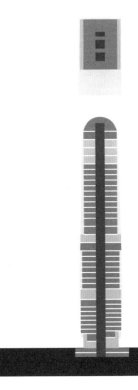

　　"面纱"大厦是位于吉隆坡市中心的一幢40层混合用途高层建筑。依照英国文化委员会办公室标准进行设计的办公空间能够获取充足的自然采光，办公空间被空中庭院分隔开，其中包含了酒店大堂和公共设施的空间。酒店在办公空间上方的位置提供了一个观赏吉隆坡塔和双子塔的机会。每个顶层套房和空中餐厅的顶端都设有私人的空中庭院，为居住者提供生活娱乐和休闲空间。绿色议程在高层建筑的环境设计中积极推进，同时确保项目的经济可持续性不受损，因为考虑到其符合办公室、酒店和住宅部件的国际设计和规划标准。"面纱"作为一种环境屏障，为应对东部和西部的低角度太阳辐射的影响，有助于减少建筑的直接得热。通过融入垂直绿化进一步加强了隔热性能，外形参考了当地传统的屏风形式，称为窗花（mashrabiya），允许日光穿透的同时可以起到遮阳的作用。

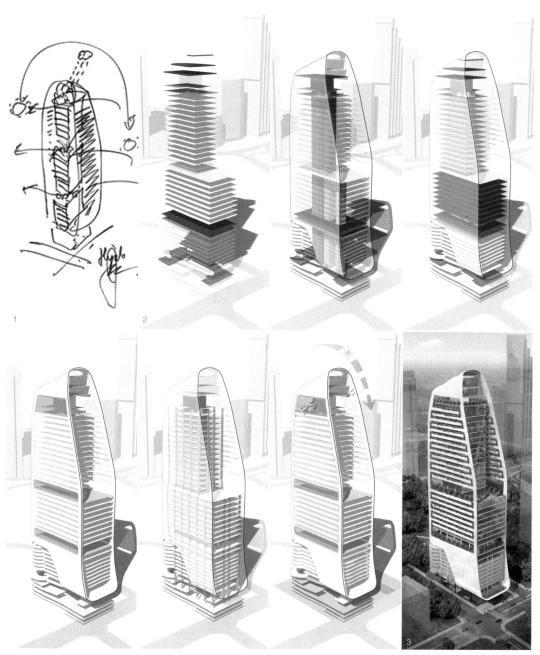

1. 概念草图（波默罗伊建筑事务所提供）
2. 概念原理研究图（波默罗伊建筑事务所提供）
3. 鸟瞰透视图（波默罗伊建筑事务所提供）

吉隆坡，面纱大厦渲染图（波默罗伊建筑事务所提供）

1. 街面视图（波默罗伊建筑事务所提供）
2. 建筑周边环境视图（波默罗伊建筑事务所提供）
3. 空中花园（波默罗伊建筑事务所提供）

哥伦比亚大学医学中心

建筑师： Diller Scofidio + Renfro 建筑事务所
Gensler 建筑事务所（执行建筑师）
地点： 美国，纽约
预期建成年份： 2016
高度： 未确定 | 14 层
建筑面积： 9,290 平方米
功能： 公共机构
空中花园 / 空中庭院总面积： 未知
空中花园 / 空中庭院数量： 2
空中花园 / 空中庭院占总建筑面积百分比： 2.9%

　　"'叠层学习绿廊'是这个项目的主要设计概念——将一系列社交和学习空间分布在一个错综复杂的 14 层楼梯中的超大楼梯平台上。'叠层学习绿廊'创建了一个有整栋建筑高度的单一的交互空间，该空间在建筑垂直方向上从底层大厅延伸至顶层，有助于协作式团队学习和教学。"

——Diller Scofidio + Renfro 建筑事务所

　　哥伦比亚大学医学中心（CUMC）位于纽约市中心。这座 14 层的建筑为内科医生、外科医生、护士、牙医和实习医生提供了空间和设施，并试图创造一个透明和健康的学习工作环境，同时包括垂直方向上的社交和休闲空间。它将为学习研究和在模拟房间里再现真实的医疗状况提供场所。新建的校园周围被绿地环绕，这将增加室外空间的活力，而社交和公共区域在玻璃封闭的垂直堆叠空间里，并将成为曼哈顿天际线的一个显著地标。"'叠层学习绿廊'是这个项目的主要设计概念——将一系列社交和学习空间分布在一个错综复杂的 14 层楼梯中的超大楼梯平台上。"叠层学习绿廊"创建了一个有整栋建筑高度的单一的交互空间，该空间在建筑垂直方向上从底层大厅延伸至顶层，有助于协作式团队学习和教学。"该空间内部辅以朝南的室外空间和空中庭院组成的网络，它们由水泥面板和木头覆盖。而额外的房间将为大学里基于团队学习的最新综合课程提供所需空间。*

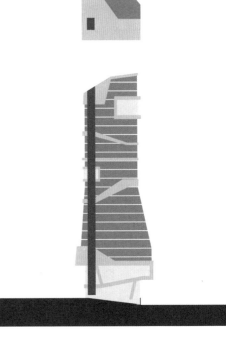

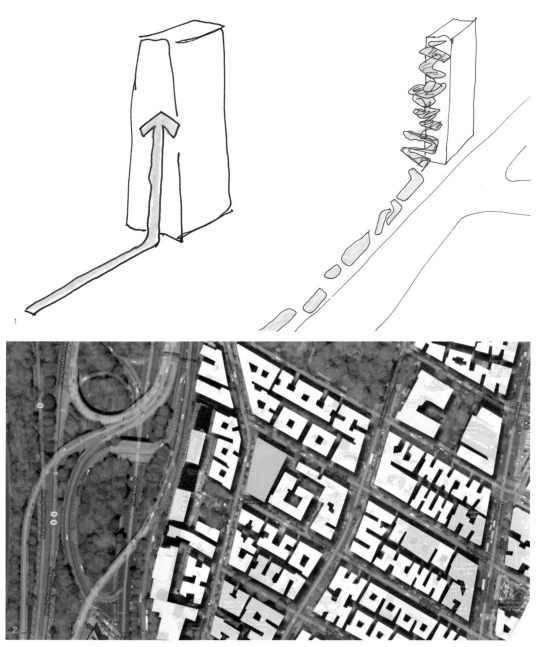

1. 概念草图（Diller Scofidio + Renfro 建筑事务所提供）
2. 项目地点
* 感谢 Diller Scofidio + Renfro 建筑事务所提供部分文字

纽约，哥伦比亚大学医学中心透视图（Diller Scofidio + Renfro 建筑事务所提供）

1. 礼堂入口（Diller Scofidio + Renfro 建筑事务所提供）
2. 咖啡厅内部（Diller Scofidio + Renfro 建筑事务所提供）
3. 抬高的咖啡厅外部（Diller Scofidio + Renfro 建筑事务所提供）
4. 漂浮平台的景观设计（Diller Scofidio + Renfro 建筑事务所提供）

3.4　未来展望

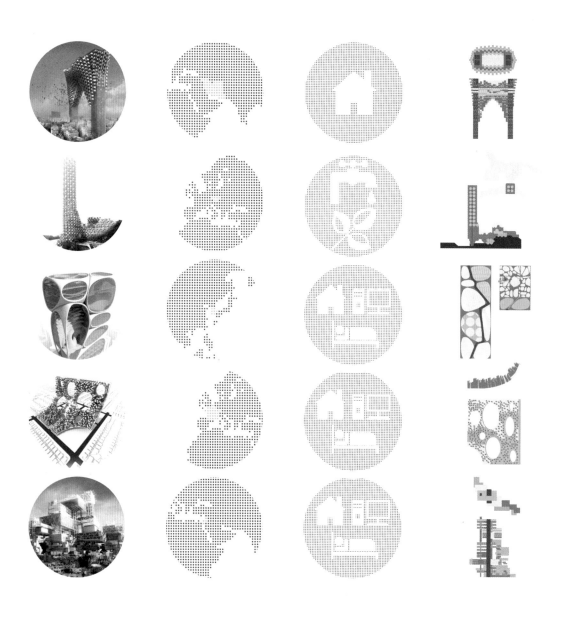

德黑兰塔楼

建筑师：　马哈迪·坎布齐亚（Mahdi Kamboozia）
　　　　　　阿列雷扎·埃斯凡迪亚里（Alireza Esfandiari）
　　　　　　尼玛·达加尼（Nima Daehghani）
　　　　　　穆罕默德·阿什巴·塞法特（Mohammad
　　　　　　Ashkbar Sefat）
地点：　　伊朗，德黑兰
功能：　　住宅

　　"德黑兰是伊朗的首都，同时也是德黑兰省的省会，高密度建筑是由于最初总体规划的轴向发展，但其已不再适应城市这样无计划的增长。我们在这个项目中的主要想法是，通过开发绿地和保留场地最重要的建筑来增加垂直密度和降低水平密度。我们的方法是先建立停车场为城市提供服务，然后用拟建的新塔楼更换旧的建筑物。这样就可以维护现有建筑的功能，而功能不佳的建筑将被新提议的德黑兰塔取代。该塔将提供 1200 个住宅单元，占地面积仅为 1,200 平方米。"

马哈迪·坎布齐亚
阿列雷扎·埃斯凡迪亚里
尼玛·达加尼
穆罕默德·阿什巴·塞法特

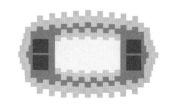

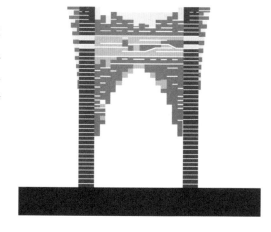

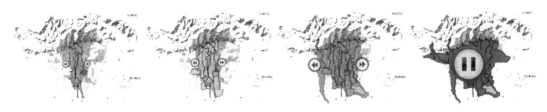

Tehran growth is oriental-occidental.It doesn't match with its geographical realities.

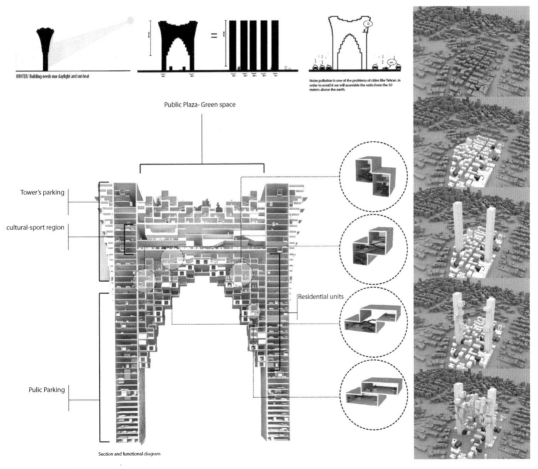

WINTER/ Building needs max daylight and sun heat

Noise pollution is one of the problems of cities like Tehran .In order to avoid it we will assemble the units from the 50 meters above the earth.

Public Plaza- Green space

Tower's parking

cultural-sport region

Residential units

Pulic Parking

Section and functional diagram

图片由 eVolo 提供

图片由 eVolo 提供

图片由 eVolo 提供

摩天大楼花园

建筑师： 米夏拉·德杰达洛娃（Michaela Dejdarova）
米哈尔·沃特巴（Michal Votruba）
地点： 捷克共和国，布拉格
功能： 基础设施 / 垂直农业

　　"垂直农场似乎是鼓励城市农业的最佳解决方案之一。它们是降低运输成本和减少污染物的明智解决方案。这个由米夏拉·德杰达洛娃和米哈尔·沃特巴构思的提案位于捷克共和国布拉格市的郊区，它的目标是成为城市的公共农场。该结构由四面体的群组所组成，以创建一个从地面剥离的外骨骼，从而支撑数百个农业用途的绿色露台。这个想法的新颖之处在于它可以分阶段开发，因为所有组件都是模块化的。它可以根据需求增长和延伸，也可以很容易地拆卸并运输到其他地点。与其他垂直农场一样，该项目使用雨水收集系统和太阳能电池板作为水和能源的主要来源。"

米夏拉·德杰达洛娃
米哈尔·沃特巴

图片由 eVolo 提供

图片由 eVolo 提供

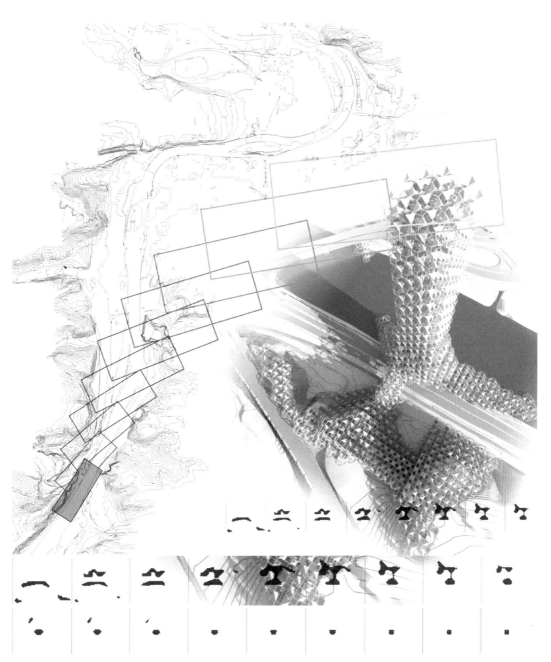

图片由 eVolo 提供

拼贴景观

建筑师： 姜佑荣（Kang Woo-Young）
地点： 韩国，仁川
功能： 混合功能

　　"在现代城市中，自然景观不复存在，只有人工环境在水平方向上的重复性延伸。该项目的目标是通过使用隐喻性景观再创造过程来恢复乏味的机械或城市形象中的自然缺失。建筑涉及城市中的摩天大楼，这些摩天大楼是象征这座城市身份的纪念碑。这是当代城市的共同点，尽管有许多摩天大楼已被遗弃。地形不是一个平板，而是基于轮廓的表面。从这个角度来看，曲线是我们物理世界的自然线，曲面表示典型的景观形式。由于建筑是一个逻辑上将艺术和技术相结合的集成系统，类似于研究各要素之间关系形式的数学系统，其目的是丰富现有的结构或创建新的结构。因此，采用基于逻辑的数学曲面的等值面来表示地形的逻辑形式。这个项目的主要内容是一个垂直公园，可容纳户外休闲、散步、慢跑和攀登等活动空间。 整栋大楼由不同部分建筑体块组成，每个建筑体块都有自己的功能并相互连接在一起。"

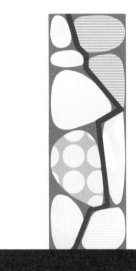

姜佑荣

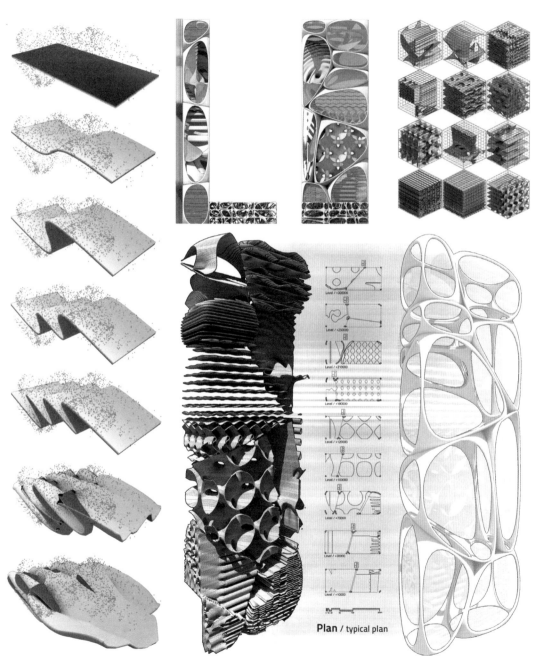

Plan / typical plan

图片由 eVolo 提供

图片由 eVolo 提供

图片由 eVolo 提供

折叠城市

建筑师： 阿德里安·皮堡（Adrien Piebourg）
　　　　 巴斯蒂安·帕佩蒂（Bastien Papetti）
地点： 全球化的应用
功能： 混合功能

　　"我们怎样才能在垂直方向上生活？攀登得越来越高似乎并没有改变我们的生活方式。大多数人希望住在独立的房子里，所以我们不得不对这个（空中）阁楼感兴趣。但问题现在已经确立：蔓延、缺乏多样性和密度，以及建筑均质性的贫乏等问题在所有问题中凸显出来。我们的问题是：如何鼓励每个人在城市的中心地带拥有所需的高品质住所？生活的功能将在实体建筑中受到挑战。房子变得像智能手机一样聪明，并且整合了多个应用程序。每层有一个应用程序。电梯之于房子就像互联网之于电话。一个必要的参数！现在你可以在空间上"快速推动"你的生活。想象一下你自己在你的房间里，穿上你的拖鞋，走进你的电梯，然后快速移动！你可以马上到你的客厅、你的车库、你最喜欢的酒吧或工作场所，或者你去慢跑的公园！"

阿德里安·皮堡
巴斯蒂安·帕佩蒂

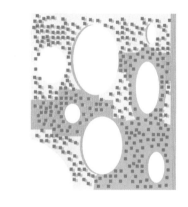

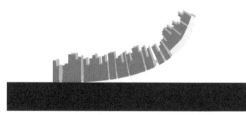

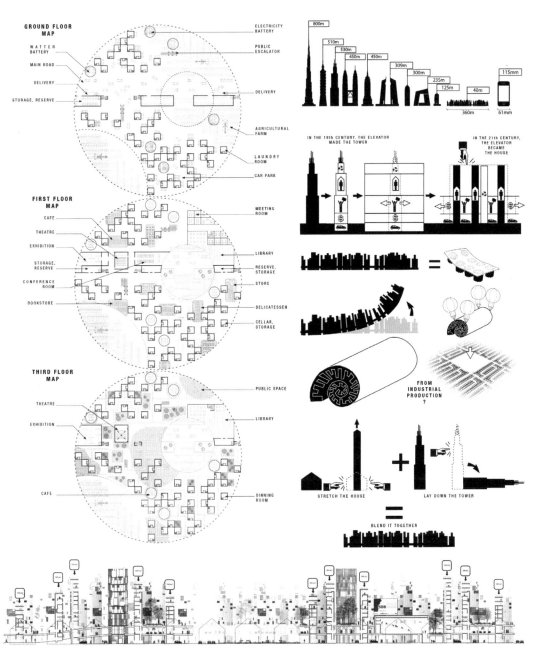

图片由 eVolo 提供

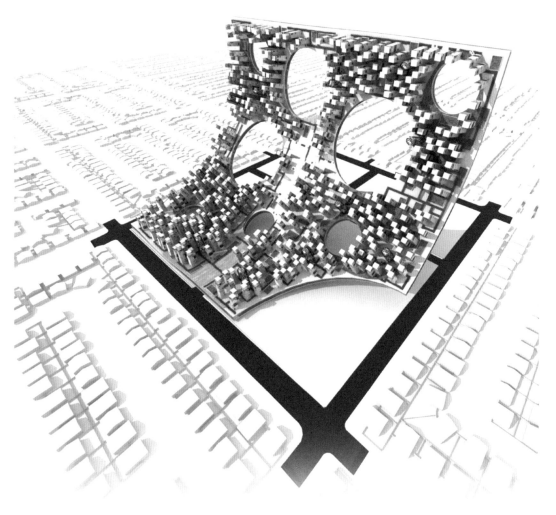

图片由 eVolo 提供

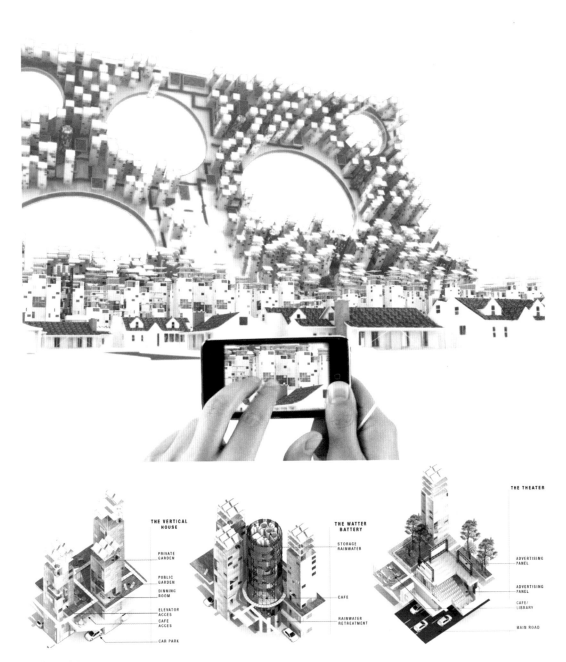

图片由 eVolo 提供

第三区——自由摩天大楼

建筑师： 陆小亮（Xiaoliang Lu）
        林一楷（Yikai Lin）
地点： 巴勒斯坦和以色列的边界
功能： 混合功能

　　"在两个交战地区的边界两侧，遭受最大痛苦的是那些市民，他们只希望自己的国家拥有和平。交战地区常常在彼此之间建起高高的城墙。但是这样的城墙真的能解决冲突吗？并不能！第三区——自由摩天大楼项目的设计者这样以为。相反，城墙阻碍相互沟通并加剧了彼此的差异。这个项目把以色列和巴勒斯坦的边界分成三个组成地区：以色列地区、巴勒斯坦地区和跨越那堵隔离墙的第三区。这堵墙将被拆除，由一座摩天大楼取而代之，将这里改造成一个共享的区域，促进和解。摩天大楼只能允许非暴力的巴勒斯坦人和以色列人进入，寻求和平与合作，并由联合国管理。这座摩天大楼将有许多项目来促进两国之间的文化和社会交流。这些项目包括农产品市场、足球场、博物馆、学校、艺术表演和集会空间、动物园、酒店、购物和商务空间，以及位于最顶端的农田。住宅区布置在摩天大楼外围并与之相连。"

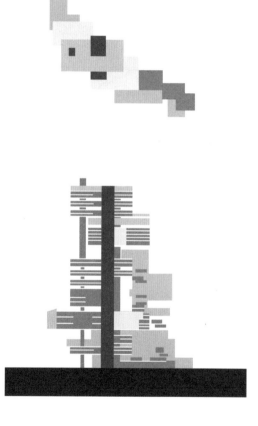

陆小亮
林一楷

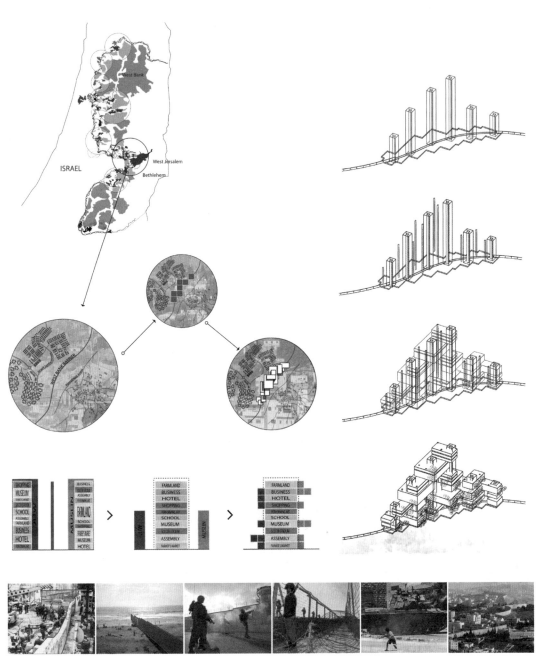

图片由 eVolo 提供

图片由 eVolo 提供

图片由 eVolo 提供

第 6 号自治市

建筑师：　　约翰·豪泽（John Houser）
地点：　　　美国，纽约
功能：　　　混合功能

　　"世界范围内特大城市人口的空前增长需要城市密度的持续增长。在过去的一个世纪里，随着城市的竖向扩张，人口增长带来的压力得到缓解。为了满足未来人口的需求，建筑密度的增长将被迫在各个轴向扩展。这座建筑位于现有城市肌理之上，地处纽约市第 22 街和第 14 街以及第 6 和第 7 大道之间。这一结构的尺度创造了相互依赖性，并允许在已经非常密集的住房网格内形成新的社区。大型办公楼被编织进网状的住区肌理中，为居民提供了工作场所。这些塔楼上部展开，在城市上空形成一个大型公园，保持公众对自然的必要可达性。该公园远离城市生活的紧张，为居民和游客提供一个逃避到自然的机会，同时仍然保持与城市独特的视觉联系。该大楼与目前纽约地铁系统的大规模扩建相连接。该结构内的列车向各个方向移动，为处于各楼层的站点提供服务。这些车站被嵌入网格结构内，并与作为主要交通动脉的人行天桥相连。这些部分的集合达到了一个临界体量，将能使该结构作为城市内的一个自治实体存在，成为第 6 区的一个崭新而激进的原型。"

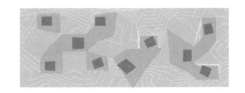

约翰·豪泽

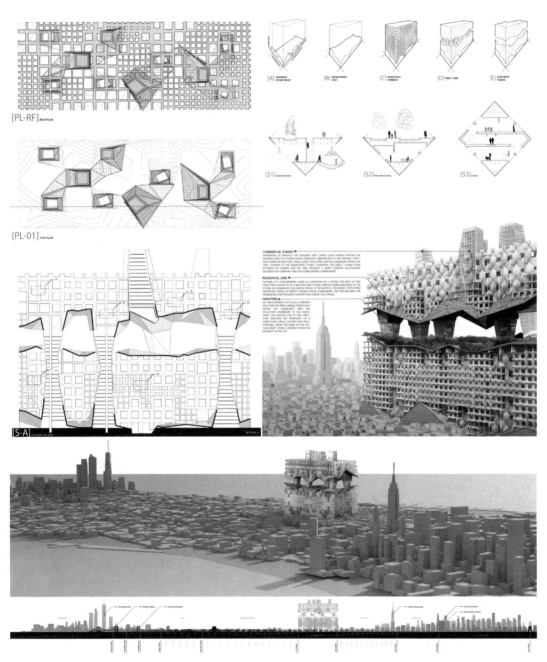

图片由 eVolo 提供

图片由 eVolo 提供

图片由 eVolo 提供

3D 绿色：嵌入现有城市肌理的垂直农场

建筑师： 江一清（Yiqing Jiang）
陶莹（Ying Tao）
地点： 中国，上海
功能： 垂直公园与农场

　　"这个项目探讨了在中国上海的摩天大楼之间建立垂直公园和农场的构想。在过去的 20 年中，由于中国农民从农村向城市大规模迁移，上海经济呈指数级增长。这导致了当今定义了城市天际线的数百座摩天大楼的发展。不幸的是，公园和休憩性空间的数量没有增加，现在这个城市已经形成一个由混凝土和玻璃组成的巨大体块。该项目使用三座相邻摩天大楼的结构来连接一个垂直公园，该公园将成为城市设计的原型。新公园将为办公大楼提供休闲绿地，为城市增添新的活力。此外，该公园还配备了用于收集风能的风力涡轮机和收集太阳能的光伏电池。"

江一清
陶莹

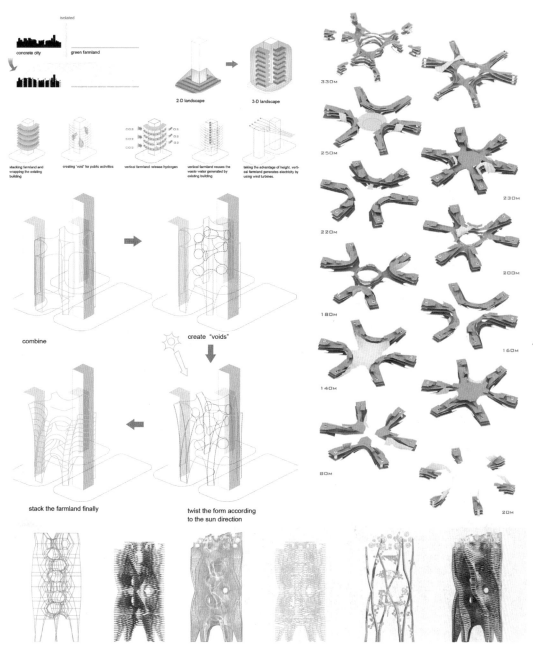

图片由 eVolo 提供

图片由 eVolo 提供

图片由 eVolo 提供

高架的连接体

设计者： 亚当·中岛（Adam Nakagoshi）
阮陶（Thao Nguyen）
地点： 全球化的应用
功能： 基础设施

"塔楼是建筑纪念碑，将城市居民从活跃的城市地平面抬升到空中。在塔楼的高处，人们的体验与公共领域分离，城市的各种状况从人们的身体上与意识上被隔绝开来。该提案试图改变在塔楼的高空中，人们在空间和体验方面被孤立的情况，并将这些松散的端部连接在一起，以便拥有可流畅而连续移动的空间，从而使居民重新融入核心的体验。此外，该提案还将提供一种手段，重新恢复并激活已经失去活力或被遗弃的空间，并由此结合更普遍的可达性功能和可持续性功能。该建议是在建筑、空间和城市干预的三个阶段中形成的。这些阶段将共同提供一个更高层次的现代性交流，将重新定义并将引导城市回到体验自我的框架中。该提案的建筑阶段将通过一个水平塔桥将空中相互隔离的点连接起来，以缝合城市网格上方的空隙。这些点的连接将允许建立包含公共和私人功能的建筑肌理。已经丧失的城市交流现在将有机会实现；以物理的、建筑的方式表达人与场所的联系。"

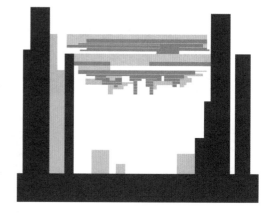

亚当·中岛
阮陶

图片由 eVolo 提供

图片由 eVolo 提供

图片由 eVolo 提供

水质净化摩天大楼

建筑师：　雷扎·拉迪安（Rezza Rahdian）
　　　　　　欧文·塞蒂亚万（Erwin Setiawan）
　　　　　　阿尤·戴亚·山迪（Ayu Diah Shanti）
　　　　　　列奥纳多斯·克里斯南蒂（Leonardus Chrisnantyo）
地点：　　印度尼西亚，雅加达
功能：　　基础设施

　　"印度尼西亚雅加达市最初被设计在用于交通和农业灌溉的十三条河流交汇区域。其中最大的河流是吉利翁河，在过去的几十年里它被极度污染，沿河居住着成千上万挣扎在贫困线上的人，形成了数百个贫民窟。吉利翁河恢复计划（Ciliwung Recovery Programme，CRP）旨在从河岸收集垃圾并通过一个巧妙的巨型过滤系统净化其水质，主要分三个不同阶段运行。第一阶段是分离不同类型的垃圾，并利用有机废物施肥。第二阶段通过清除危险化学品并添加重要矿物质来净化水。被净化的水随后通过管网系统被输送到河流和附近的农田。最后第三阶段处理所有的可回收废物。这项建议最重要的一点是消除沿河的贫民窟。大多数人将在 CRP 项目区中生活和工作，这可以被理解为雅加达的一个新城市。CRP 项目将是一个 100% 可持续发展的建设项目，将通过风能、太阳能和水力发电系统生产能源。"

雷扎·拉迪安

欧文·塞蒂亚万

阿尤·戴亚·山迪

列奥纳多斯·克里斯南蒂

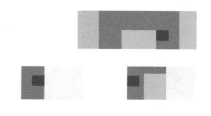

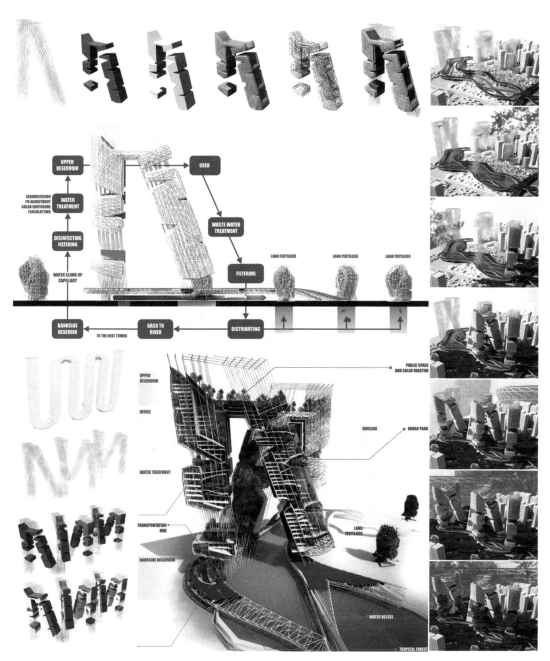

图片由 eVolo 提供

图片由 eVolo 提供

图片由 eVolo 提供

城市雾化器

建筑师： 韩雅玉（Han Jaekyu）
　　　　　朴桑米（Park Sang Mi）
　　　　　金吉铉（Kim Ji Hyun）
　　　　　朴佑荣（Park Woo Young）
　　　　　李开镐（Lee Kyoung Ho）
地点： 韩国，大邱
功能： 基础设施

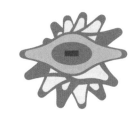

　　"规划的地点位于大邱，四面环山。这个地区因其景观和盆地而闻名。由于其地理位置，大邱每个季度都有一次温度反转。此外，工业化、城市化和城市的高密度减少了绿地面积，并污染了城市中心工业区的空气。这些都严重威胁了城市居民的健康，使他们遭受严重的热岛效应和高密度环境的影响。烟囱的中心设计为螺旋状，非常像龙卷风把空气引导到上方。螺旋随着高度的增加而收紧，将空气从结构的顶部排出。就像松果的构成那样，窗玻璃结构相互重叠，创造出一个空气循环的环境，促进结构内植物的光合作用。城市雾化器的尺寸基于每一类环境和物理状况的不同因素，由两部分组成。一个结构单元形成一个巨大柱子位于结构中心。该柱子从接近地面的位置向外伸展，以增加稳定性。电梯核心与结构的外部一起扭曲，可以对这一形体进行维护。"

韩雅玉

朴桑米

金吉铉

朴佑荣

李开镐

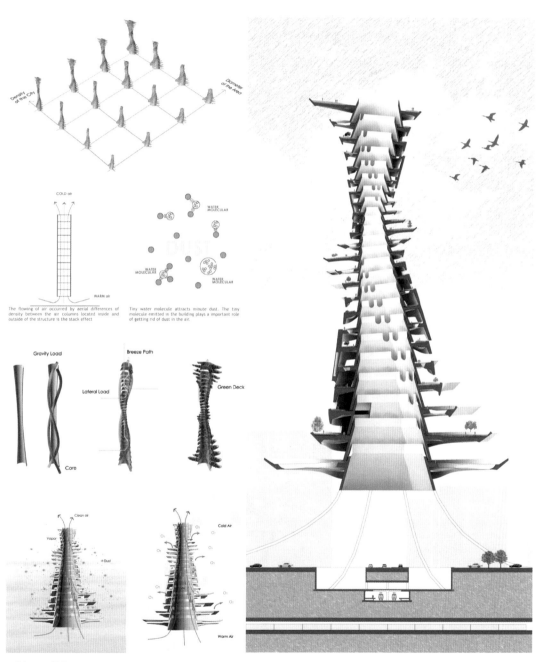

The flowing of air occurred by aerial differences of density between the air columns located inside and outside of the structure is the stack effect

Tiny water molecule attracts minute dust. The tiny molecule emitted in the building plays a important role of getting rid of dust in the air.

图片由 eVolo 提供

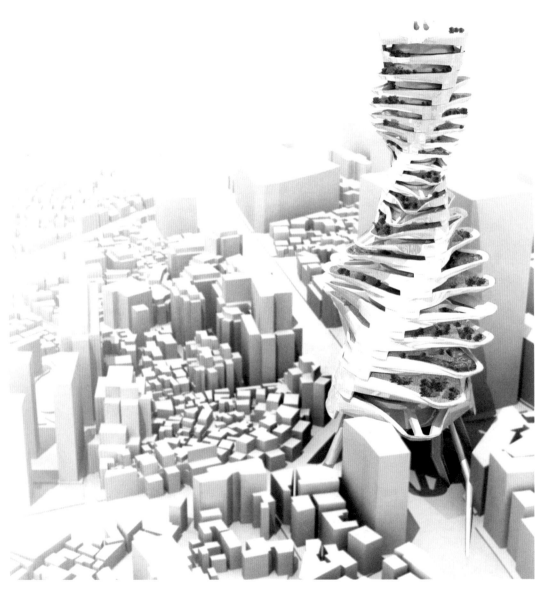

图片由 eVolo 提供

图片由 eVolo 提供

迈向垂直城市理论

第 4 章　迈向垂直城市理论

秋季的新陈代谢，
社·马克·埃米拍摄

4.1 空中庭院和空中花园：进化的观察

我们已经看到，在半公共领域复制街道和广场作为自由"传递"实物商品、知识、秘密、文化、精神性或政治性信息的手段，并不是总能带来与公共领域的自由相关的全部好处。在房地产开发的私人利益中，其支配权往往界定了如何以及何时使用这些社会空间来维持社会性的控制，从房地产的角度来看，这样能保持资产价值。如今，人们可以通过屏幕和网络浏览来替代查看实物，科技进一步削弱了共享空间的需求。这实际上使公共的、甚至是半公共的空间变得越来越过时。我们在公共场合的社交感受成了刻意计划好的活动，而不是自发性的或无计划的日常随意互动。我们穿过数量日渐增多的过渡性私有化社交空间，这些空间连通商场、电影院、咖啡厅、博物馆这样的目的空间——也是供人们约会社交的私有空间。

空中庭院与空中花园成了在城市人居的建筑语汇中的另一种社交空间，但目前它们仍被拥有控制权的公司和地产商主导其管理。这种空间实质上不同于真正意义上的社交空间，它们永远不可能拥有绝对的公众性，除非这些空间被国家所有，并允许个人、团体或协会像在街道和广场那样的公共领域中一样拥有言论、行为和活动的自由。我们所见到的空中庭院与空中花园同样证实了这一点。正如学者兼建筑师约翰·沃辛顿（John Worthington）所描述的那样，这些半公共领域"地震式地创造"——即短时间大量出现；能高度归类于其相关的建筑功能；从社交意义上说，它们被主导性的（私人）机构所控制；从空间意义上说，它们被其支持结构所约束。结果它们并没有必然地推动社交的自发性，其直接产物无疑是公共领域的对立面，它们随着时间的推移逐渐演化，成为使用者对其空间持续争取和主张的结果。这本身就是依靠非计划的和不可预测的方式所激发出的好处。尽管由于种种原因，它们现在并非公共空间，我们已经开始看到它们的演化正在为变化中的社会、空间、文化、经济和科技提供需求，由此逐渐培育出公共领域的特征。这也将促进社会群体共同在场，并提高城市生活质量以及自然和建筑环境品质。

　　从较早完成的案例中，我们可以看到空中庭院和空中花园只是略优于私人露台：偶尔栽种植物，但常常需要从建筑被占用的内部空间穿过才能到达。它们常常被印上空间占用者中主导性力量的功能和控制的烙印。它们私有化的本质常常限制了自发性活动的机会，而其中的占用者一般通过对这些空间的观察而对空中庭院的社交用途实施潜在的控制。这些控制使得员工或居民很少有机会享用这种空间，同时这也取决于邻近的人们对该空间的熟悉程度。通常情况下，人们只是偶尔在此享用午餐和咖啡，而不一定是有规律地重复类似的活动，或是利用这一空间来加强与其他人群的社交互动（图 60）。

　　然而，最近完成的案例显示了更为"公共"导向的环境，以及它们被更广泛用作过渡环境和社交互动场所的前景。以往案例功能单一、流线欠整合，新一代的空中庭院和空中花园无论从内部还是外部空间来看，都更进一步与建筑的交通核心紧密地整合起来。它们在空间上连接垂直交通系统并增强空间过渡和转换，又通过增加偶遇可能性和自发性活动的机会建立占用者的社交联系。由于塔楼持续向天空延伸并力图满足更多使用需求，空中庭院也不断调整以应对更多样化的功能。作为一个多用途高楼中的填充性空间，空中庭院利用天桥，开始成为将完全不同的地块以及与外部其他部分胶接在一起的"空间胶粘剂"（图 61）。这为来自不同背景、族群、社团，处于不同发展阶段和不同城市的人们提供了更广泛的用途和更强的社区感。随着全社会环境意识的提升，绿色植物因其环境、生态和社会—生理的效益，更加普

图 60　吉隆坡，梅那拉·梅西加尼亚（Menara Mesiniaga）：作为内部办公室职能的延伸并偶尔用于非正式会议的空中庭院（T·R·哈姆扎和杨经文建筑师事务所提供）

图 61　新加坡，生物医药研究园：天桥是通过多层次过渡空间增加社交频率的有效手段（亚历克斯·方拍摄）

遍地被引入空中庭院和空中花园。

与这种社会性、空间性和环境性的发展一致，那些正在建设的案例是时代的产物。在这个时代，替代性社交空间已经开始被置于城市空间的层级结构中，其层级结构在规模、使用和分类上支持现有的公共空间。可以说，它们正在模糊公共、半公共和私人空间的界限。曾经看上去细长的阳台变成了空中庭院和天台，形成个人、家庭和团体所享用的多功能私人空间（图62）。更大和更具公共性的空中庭院被布置在建筑中更显眼和更方便出入的地方，它们开始被用在更广泛的交通循环体系中，能让几乎垂直的楼层社区之间实现随意的交往互动。当有天桥作为辅助，它们就成为活动的结点，通过创造收入和娱乐机会进一步加强社会互动。在一些国家，比如新加坡，旨在推广"更绿色"城市的文化标签，通过经济鼓励性立法推动空中庭院和空中花园进一步发展。这种立法的效力，加上可开发面积的奖励，提高了投资回报率，丰厚的投资回报使这类高层社交空间成为城市人居的建筑语汇中日益受欢迎的附加词。

图62 新加坡，映水苑：连接高层建筑并作为居民休闲目的地的空中庭院（吉宝置业提供）

班纳姆有一句这样的评论："任何一个认为自己实至名归的建筑师都不能眼睁睁地看着自己的设计被糟蹋，尤其是城市规模级别的大型设计"（Banham, 1976）。飞速的城市化进程将在2050年之前让70%的地球人口在城市里生活。鉴于这样的事实，这句评论将被重新审视。巨型结构的重生，即意味着包容万象的建构能承载城市的功能。它不仅通过对建筑结构肌理的凿蚀来探索空间和创造社会空间，而且还抵消了建筑实体制造过于雷同的空间样式。

可以说这种空间可被看作在形式创造后留下的空间。在空间的层面，它们可被视为"垂直现代主义"（图63）。在这里那些反均衡、实体驱动的大厦被自由

图63 新加坡，翠城新景：一座垂直的现代主义巨型结构建筑，众多空中花园漂浮在无差别的空中（嘉康信托提供）

图 64　马尼拉，阿奎·利文斯通住宅（Acqua Livingstone）：高大、通透、光线充足、通风良好的空中花园成为居住者的娱乐场所（世纪地产提供）

图 65　诺丁汉大学建筑硕士生完成的一个可持续高层建筑设计作品（大卫·卡尔德拍摄）

保留下来并浮动在无差别的高空，空中庭院和空中花园则作为这些大厦的附属空间，因而挑战了之前案例中那些容纳社交空间的观念。

正在设计中的项目既展示并发展了点式高层建筑的概念，也对互相连接的塔楼形成的巨型结构做出思考。这可能部分归因于人口增长、人口向城市中心的迁移及其造成的城市化进程，这就需要在开发项目中增加密度、规模和功能的多样性。也就要求将高层的社交空间与建筑面积的比例提高。这些空间更高，能使光和空气渗透到楼层深处；它们拥有更好的绿化，可以对气候做出最佳的响应；与高层的交通模式更好地整合在一起而促进更便利的流动性；它们被公共的和经济性的用途激活，从而在开发项目中鼓励更广泛的社交互动——很可能证明比之前的高层空间更具公共领域的属性（图 64）。

未来的城市本质上几乎是乌托邦式的，可以这么说，班纳姆的观察表明可感知的未来常常能在现存的人居环境中找到现实的元素（Banbam，1976）。这种远见似乎并不受当今现实的约束，但人们可能受到胶片电影（Celluloid）的导演们银幕技巧的影响，如受到弗里茨·朗（Fritz Lang）、雷德利·斯科特（Ridley Scott）和吕克·贝松（Luc Besson）的影响，或是建筑师们如尤纳·弗莱德曼（Yona Friedman）、建筑电讯派（Archigram）和超级工作室（Super Studio）停留在纸面上的竖向高塔建筑的影响。一些案例分析表明，困扰城市的问题深刻地影响着学生做出的理论解决方案，他们在更为激进的技术和思想支持下，寻求解决致密化、空间补充、社会契约重建、气候变化、化石燃料耗尽，以及粮食和水分配等问题（图 65）。因此，未来的城市必定是乌托邦式的，但也必须克制骄傲自满，并继续沿着将愿景变成现实的路线前进。

空中庭院 / 空中花园面积与建筑总面积的对比
（按时间顺序排列）

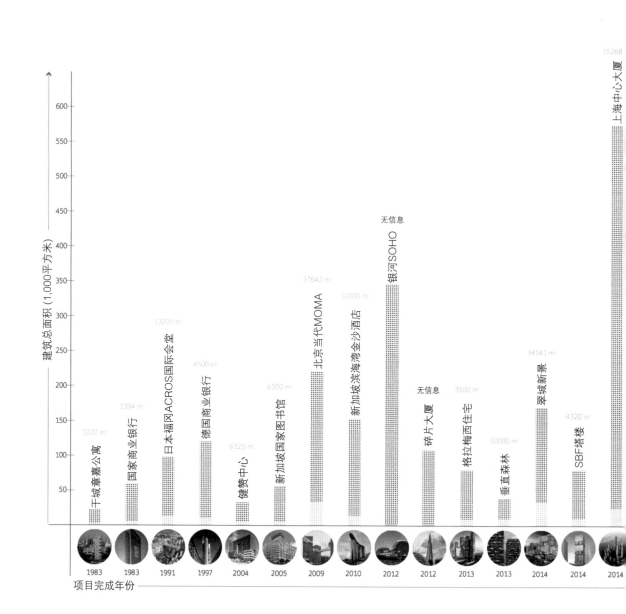

建筑总面积（1,000平方米）

600
550
500
450
400
350
300
250
200
150
100
50

千城章嘉公寓 1020 m²
国家商业银行 1394 m²
日本福冈ACROS国际会堂 13000 m²
德国商业银行 4500 m²
健赞中心 6325 m²
新加坡国家图书馆 6300 m²
北京当代MOMA 37642 m²
新加坡滨海湾金沙酒店 12000 m²
银河SOHO 无信息
碎片大厦 无信息
格拉梅西住宅 3500 m²
垂直森林 10000 m²
翠城新景 34141 m²
SBF塔楼 4320 m²
上海中心大厦 15268

项目完成年份

1983 1983 1991 1997 2004 2005 2009 2010 2012 2012 2013 2013 2014 2014 2014

图例：
- 建筑总面积
- 空中庭院/空中花园面积
- 建筑总面积数据缺失
- 空中庭院/空中花园面积数据缺失

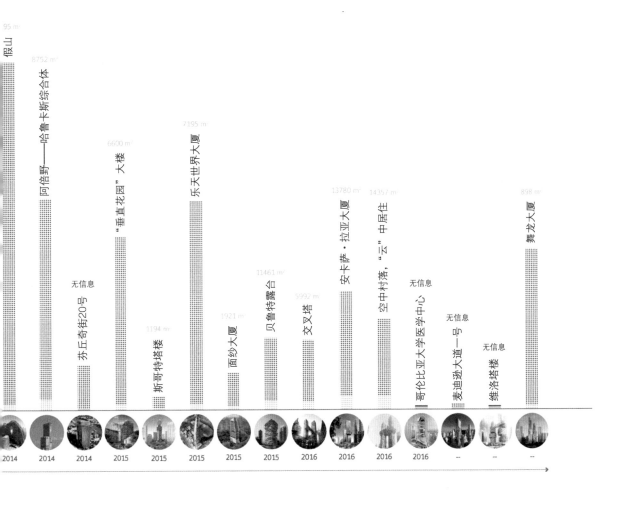

空中庭院 / 空中花园面积占建筑总面积的百分比

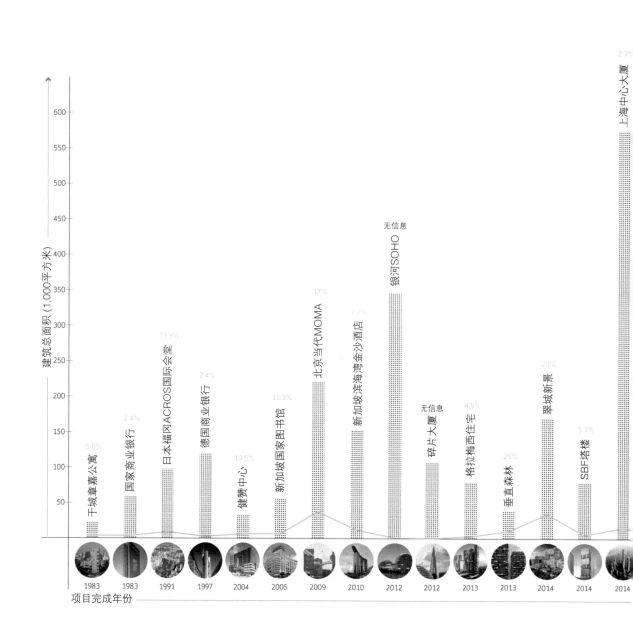

建筑总面积 (1,000平方米)

上海中心大厦 2.7%

银河SOHO 无信息

北京当代MOMA 17%

新加坡滨海湾金沙酒店 7.7%

日本福冈ACROS国际会堂 13.3%

德国商业银行 2.4%

新加坡国家图书馆 11.3%

碎片大厦 无信息

格拉梅西住宅 4.5%

翠城新景 20%

千城章嘉公寓 5.6%

国家商业银行 2.4%

健赞中心 19.5%

垂直森林 25%

SBF塔楼 5.1%

项目完成年份

1983　1983　1991　1997　2004　2005　2009　2010　2012　2012　2013　2013　2014　2014　2014

建筑总面积

空中庭院/空中花园面积占建筑总面积的百分比

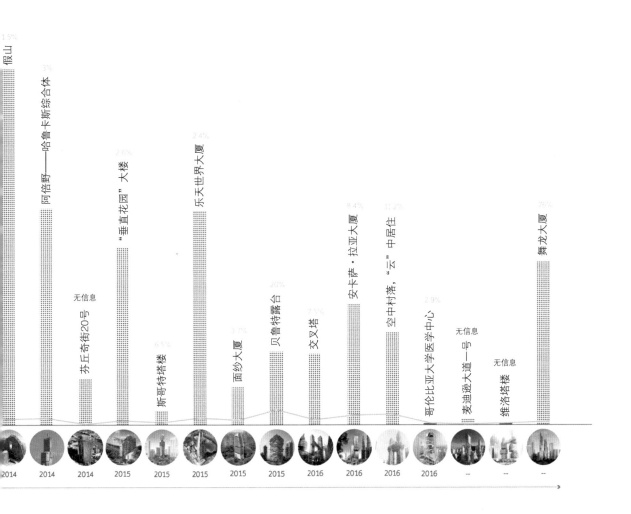

不同地理位置的空中庭院 / 空中花园

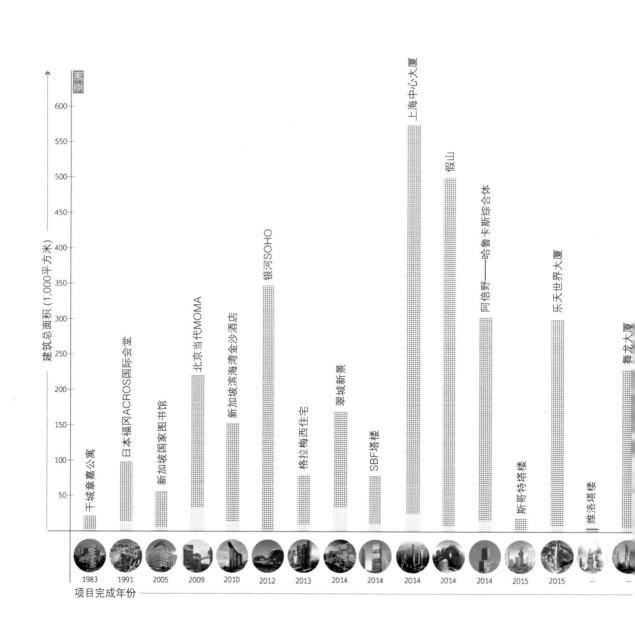

亚洲

建筑总面积 (1,000平方米)

600 —
550 —
500 —
450 —
400 —
350 —
300 —
250 —
200 —
150 —
100 —
50 —

千坡章嘉公寓

日本福冈ACROS国际会堂

新加坡国家图书馆

北京当代MOMA

新加坡滨海湾金沙酒店

银河SOHO

格拉梅西住宅

翠城新景

SBF塔楼

上海中心大厦

假山

阿倍野——哈鲁卡斯综合体

斯哥特塔楼

乐天世界大厦

维洛塔楼

舞龙大厦

1983　1991　2005　2009　2010　2012　2013　2014　2014　2014　2014　2014　2015　2015　--　--

项目完成年份

建筑总面积

　空中庭院/空中花园面积

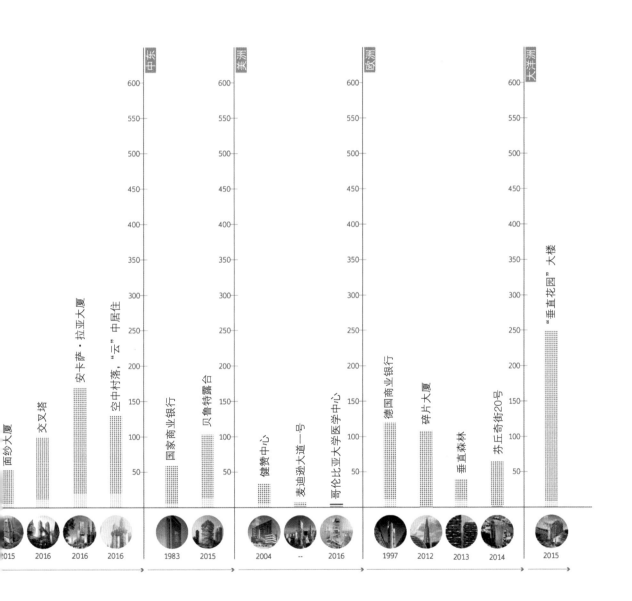

空中庭院 / 空中花园的空间使用

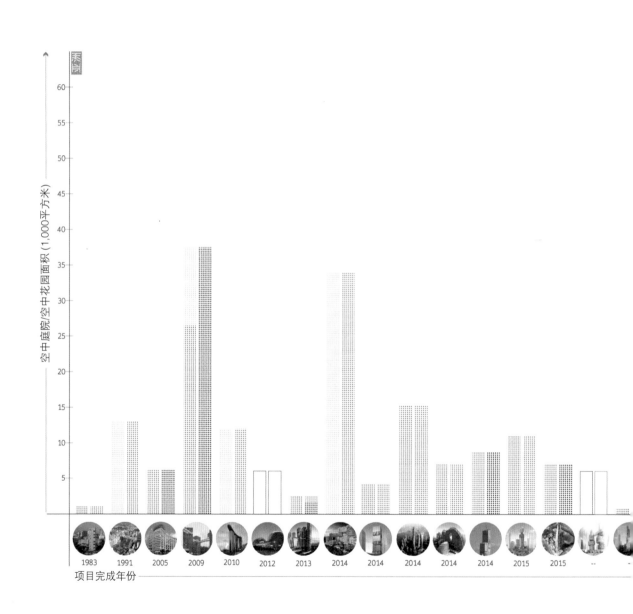

项目完成年份

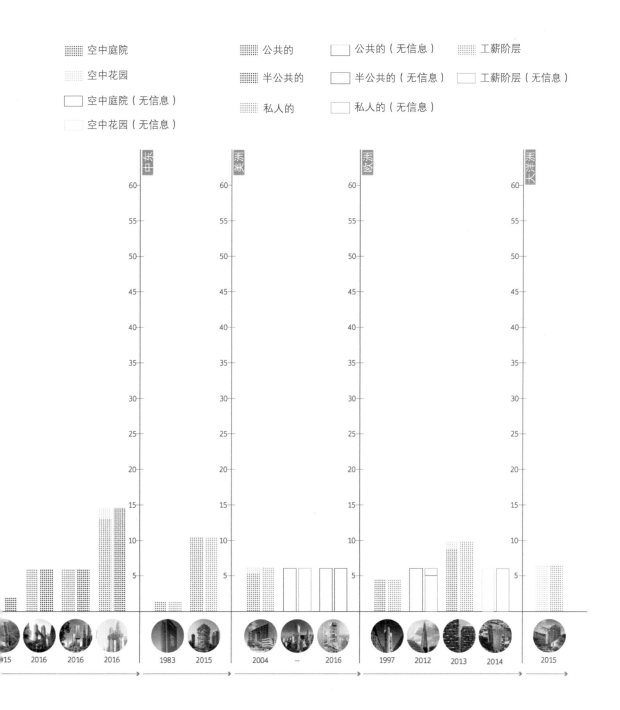

空中庭院　　　公共的　　　公共的（无信息）　　　工薪阶层

空中花园　　　半公共的　　　半公共的（无信息）　　　工薪阶层（无信息）

空中庭院（无信息）　　　私人的　　　私人的（无信息）

空中花园（无信息）

4.2 支持垂直城市理论的可持续原则

1987 年，世界环境与发展委员会（World Commission on Environment and Development）寻求解决"关于人类环境和自然资源加速恶化以及这种恶化对经济和社会发展的不良后果"（Brundtland，1987）这一重大问题。委员会在《我们共同的未来》（Our Common Future）中发表了其研究结果，根据这份报告，可持续发展最初被定义为"满足当前的需求应该在不损害子孙后代满足其自身需求的前提下实现"（Brundtland，1987）。这个概念认为，如果要真正实现可持续发展，就需要在社会、经济和环境等参数的权重之间进行仔细权衡，从而在人与自然的需要之间取得平衡。学者马克·莫维尼（Mark Mawhinney）将其称为可持续发展的平衡理论（Mawhinney，2002）。人口的增长和发展中国家对现代化的需求，以及发达国家不可持续的消费水平，对未来城市的可持续性构成了挑战。在布伦特兰报告之前，由于发达国家的错误做法，未能阻止发展中国家对经济繁荣的追求。可持续城市本身就是一个矛盾性的提法，因为全球 50% 的碳排放是通过建筑环境产生的，而其中 80% 是城市引起的。但在未来解决这些问题方面，三重底线的可持续理论观点是否已经足够？

我们思考了城市空间消耗的原因及其带来的影响，以及创建一种新的替代性社会空间所能够带来的好处。我们还思考了在公共和半公共领域中，实现人们相互感知、相互交流的方式在文化上的转变。基于技术的支持，人们知晓空中庭院和空中花园是如何在社会经济层面提高用户体验，以及在密集的城市人居环境中如何提升高层建筑的环境性能。如果我们需要为未来的城市构建以人为本、响应高密度环境特征的解决方案，这些针对空间、文化和技术方面的思考是至关重要的。在未来的城市人居环境背景下，只包含了可持续性的社会、经济和环境三种影响因素的垂直城市理论还不足以解决上述问题，对未来城市进行设计和实现其发展还需要额外的思考。毕竟到 2050 年，世界人口预计将超过 90 亿人，其中发展中国家的增长速度将为最快，人口预计从 2009 年的 56 亿人增长到 2050 年的 79 亿人（经济合作与发展组织 OECD，2012）。这将不可避免地导致三个问题：城市化和土地价格上涨导致社会和文化变迁的加剧；空间的私有化导致那些曾经促进社会交往的环境的枯竭；城市温度的持续上升导致的气候变化。因此，空间、文化和技术的可持续性似乎是一组重要的参数，应该与被广泛接受的"三重底线"的理论观点一起加以思考，用来创建更加健全的城市人居，这样才能强化关于"人、效益和地球"三方关系的理念。

图 66　香港的餐饮空间展示出高密度的空间限制（阿什文·卡拉特卡尔拍摄）

正如我们所看到的，空间是一种需要保存和补给的商品，伴随城市化的进程不断地被消耗。人们会在高密度环境中意识到这一点，比如香港——无论是通过体验微型公寓的紧凑性，还是仅仅在餐厅里共享一张餐桌，不难发现餐桌在人体工程学方面的设计已经满足了让多个陌生人同时用餐（图66）。空间和社会是有内在联系的，不能在抛开空间功能的情况下去讨论社会与人的行为方式之间的互动关系。因此，如果我们要培养更强的社区意识，那么将空间的可持续性与社会的可持续发展相协调的能力，将成为 21 世纪高密度垂直城市人居环境能取得成功的关键，特别是当空间的配置已经被证实与社会行为有关的情况下（Hillier, et al, 1984；1987）。

文化认同，特别是一个民族对其所居住的环境的认同，正在面临着全球化发展带来的挑战。虽然科技帮助人们聚集在一起，促进了文化、观念及理想的相互融合，但同时也加快了跨国企业的发展并使西方的消费文化同质化，这种同质的文化被认为是摧毁民族认同感的重要因素（Tomlinson，1999）。曾经铭刻着当地民族的文化习俗、信仰与传统特征的空间，由于受到持续城市化进程的影响而逐渐消亡，进而削弱了该地区的文化认同（图67）。寻求保护传统社会和空间实践的文化可持续性发展，将会对文化相关性缺失和对现代建成环境的侵袭起到防范作用。学者约翰·汤姆林森断言："全球化其实就是现代性的全球化，现代性是身份认同的先兆"（Tomlinson，1999），他还提议可以通过加强文化认同的能力，形成与全球化相对应的本土化特征。

技术进步所产生的问题也许与其能够解决的问题同样多，人类社会对技术的持续应用已深入到我们日常生活的方方面面，并进一步增强了我们改善生活方式的决心。大量关于新技术对社会和环境方面影响的研究表明，技术的功效不仅取决于技术本身的特性，而且更加取决于这种技术能否被感知、使用的方式及其改变环境的能力（图68）。

恩斯特·舒马赫（Ernst Schumacher）的观点确立了技术的可持续性特征，即技术选择可以是小规模的、节能的、环保的、以人为本的、局部控制的，允许更多聚焦于社区的行动方式（例如，屋顶花园雨水收集的灌溉系统），与更广泛的城市范围的干预协同工作（如太阳能的光伏绿色屋顶）。通过考虑以上六个因素，我们可以总结出空中庭院和空中花园作为21世纪新的社会空间所带来益处，从而为21世纪创造更好的空中社区环境提供"更深层思维提示"。

图67 新加坡，克拉码头（Clarke Quay）：保持地方特色和文化习俗的新旧共存方式（杰森·波默罗伊拍摄）

图68 美国加利福尼亚州科学院：采用适当技术以尽可能减少对自然环境的影响（安伯·艾比斯拍摄）

图 69　新加坡的五英尺高檐廊：同时为人们提供社交空间和过渡空间的遮阴路（伊丽莎白·西蒙森拍摄）

4.2.1　如果形式追随功能，那么在新型混合城市中实体将追随空间

　　诺利（Nolli）测绘罗马城市地图的过程在城市规划师、建筑师的构思和城市测绘的发展中留下了不可磨灭的印记。它是一种能够用来确立城市规划学家卡米洛·西特（Camillo Sitte）所提出的"室外房间"概念的工具。"室外房间"提供了社会交往的空间，由封闭的建筑立面围合而成。作为空间的补充，同时也为文化认同的补充提供了契机——无论是在中东城市的庭院空间里设立私密的家庭祷告场所，还是一个群体在欧洲城市广场体验传统庆典活动，抑或是独自穿行在东南亚城市街边五英尺（1 英尺 =0.3048 米）高的檐廊下（图 69）。通过空间形态的研究，可以重新解读一座特定城市人居环境的物理本质，这种能力颠覆了人们先入为主的概念，不再认为高层建筑是通过自我复制或自我相似的方式在 20世纪实体城市中挤压而成的建筑形式，而是成了一种包含社交空间的、具有"自我差异性"的建筑形式，以创造我们所说的 21 世纪的混合型城市。

　　这既是及时的，也是必要的。现代化和城市化不仅将高层建筑视为增加城市密度的手段之一，而且将其视为凌驾于同类之上的权力象征，同时也是企业传播品牌文化的机会。具有相似空间的现代街区是一种全球化现象，使得不同地点彼此间并没有必然的差异性，这对空间城市中的文化认同感提出了挑战。保持空间城市（或"传统城市"）的需求，同时实现与现有实体城市（或"现代城市"）的共生，需要详细地重新解读既有环境的规模、形式、高度和数量，并同时遵从人们的文化实践。在此过程中，空间需要作为功能和社会互动的容器，并优先于实体。

　　混合型城市中的空中庭院和空中花园能够支持这种

范式的转换，并能够认同一种重新解读的方式来创造开放空间，而不是单纯地复制。它们的多元性可以潜在地唤起现有城市及其公共空间的特征和肌理，不论其是开放还是封闭的空间——这取决于当地的气候条件和建筑的环境策略。间隙空间的层次化设计有助于将混合性建筑融入城市肌理之中。它表现为不同的空间层级，比如 18 世纪酒店内的公共广场和半公共庭院之间的空地，19 世纪商业街廊中的拱廊或 20 世纪零售商场中的带状长廊。这种设计方法挑战了把高层建筑作为一个独立实体的主观偏见，即反对这种偏见所持的由外至内的设计方法，而是构建一种由内至外、多功能混合的方法来设计"垂直城市"。

通过对现有城市肌理的平面乃至剖面的可视化绘图分析，能给在城市人居中生活、工作、娱乐、出生、成长以及退休的人们创造熟悉的空间尺度。简言之，在混合型城市中孕育出的高层建筑是三维的，而非二维的形式，将诺利的图解旋转 90 度，即可得到将空中庭院作为新型社会空间的城市环境。因此，在混合型城市的建成区域中，可以采用一种特定比率的开放空间并相应地进行缩放，以进一步创建一个空间层级系统，可以支持地面上更大的开放空间体系。在规划上，这种空间密度应该更加类似于城市肌理的密度，而非高层建筑的规模。

亚历山卓·卡拉斯特（Alejandro Carrasco）和奥莫米尼·温迪德（Omelmominin Wadidy）所教授学生的设计项目从中东地区的本土化空间吸取了灵感（图 70）。该项目的灵感来自于锡卡（sikkas）——即穿梭于建筑之间狭窄的巷道，这些巷道创造了舒适的空间，遮蔽了沙漠中严酷的日照和狂风，适应于该地区传统城市发展中的交通与社会公共活动。多层堆叠起来的锡卡和六层楼的院落空间唤起了传统的文脉机理，同时成了适于人们交流和孩童玩耍的阴凉空间⊖。

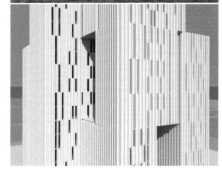

图 70 阿布扎比，空中锡卡（Sikkas）：通过一系列狭窄巷道和空中庭院，竖向推论和重新诠释传统的城市肌理（亚历杭德罗·卡拉斯科和奥美霉·瓦迪迪拍摄）

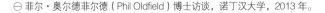

⊖ 菲尔·奥尔德菲尔德（Phil Oldfield）博士访谈，诺丁汉大学，2013 年。

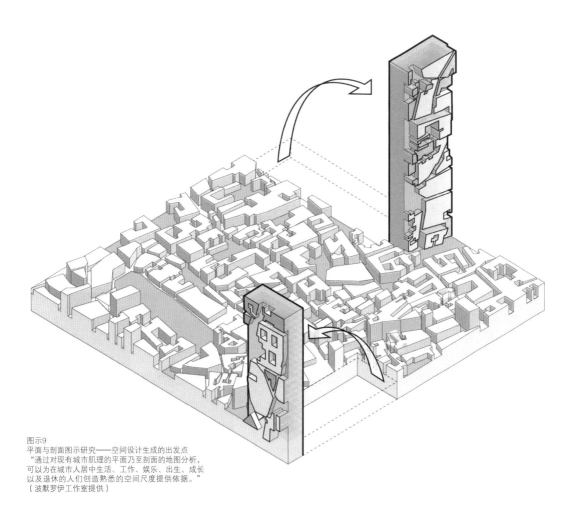

图示9
平面与剖面图示研究——空间设计生成的出发点
　"通过对现有城市肌理的平面乃至剖面的地图分析，可以为在城市人居中生活、工作、娱乐、出生、成长以及退休的人们创造熟悉的空间尺度提供依据。"
（波默罗伊工作室提供）

4.2.2 将平面混合方式转变为"垂直混合使用"

如果传统城市可以被视为是一种持续的，而且是有机的、进化的过程，以适应其所处时代的社会和经济需求，那么现代城市则是一个结构化的、几乎是经历了"地震般"剧烈商业化过程的产物。前者依赖于利用自然采光和通风的被动式系统，后者则更加依赖于主动式的人工系统。传统城市是经济项目多样性的"混杂物"，旨在为社会和经济活动（例如文化节、集市日或户外表演）提供连贯的和围合的象征性空间。而现代城市的多样性则被视为一种被经济、空间、功能及时间界限严格控制的区域划分。前者本身具有自发作用下的全天候运转的社会活动力，后者充其量能够满足预定的规划要求，或最坏的情况下是在给定时间框架下贫民窟式的环境。

"混杂物"应该是一个恰当的语汇，用来表达混合型城市中混合在一起的多种功能性用途和活动。它挑战了通常用二维平面视图生成的、用不同色块区分不同功能的现代城市。这是一种不同的方法，以往的方法往往代表不同的层级和用途，这些用途会随着时间的推移而演变，而这种新的方法适用于高密度的城市环境。比如香港这样的城市，无论平面还是剖面上，在各个不同楼层中其功能都具备复杂的混合性，需要从三维立体的角度对其功能进行评估（图71）。混合型城市承认传统和现代的存在，重新评估现有的使用策略（无论是根据不同属性进行不均匀分布，还是根据相同功能进行垂直均匀分层），对功能与活动采用三维分层，这样既可以推断出城市中的现存部分，又可以实现新的功能活动与本地经济的平衡。这种方法通过识别活动的间隔，利用高层空间在垂直方向添加功能，而不是在水平方向上占据和消耗地面上的空间，从而提高了城市居民的生活质量。

图 71 香港拥有大量的城市混合功能，需对其地上、地下多楼层的功能进行三维评估（阿迪森·加西亚拍摄）

图 72　上海，环球金融中心：空中庭院可提供创收机会，尤其可以作为收费的观景台使用（李克洛伊拍摄）

图 73　数字媒体作为信息交流的手段和城市空间识别的工具发挥重要的作用（安伯·艾比斯拍摄）

混合型城市中的高层建筑有望成为一个全天运转的垂直社区或城镇，具备传统城市的活力，允许人们在其中生活、工作、娱乐、学习、治疗、放松和互动；在这种环境中，生活的各个方面有机地交织在同一个社区中。这种大量人口的共同在场，多种功能的相互依赖，以及强化的密度可以带来持续的活力，不但可以减弱形成贫民区的风险，而且会促进更大范围的社区意识的形成。空中庭院可以将各种不同的用途结合在一起，不仅起到了不同功能区域之间的连接作用，而且成为被商店、咖啡厅、餐厅等其他营利性零售商业激活的集市（图72）。这些可以通过混合性吸引人们，为建筑的中高层部分提供更多的便利，从而减弱了对地面交通的需求，提供了与街道平面同样的便利。这种方式也可以通过贸易增加客流量，提高收入，从而创造出更加具有商业可行性的零售环境，并通过交流提供更好的社会互动。这种方式还增加了开发商和租户的收益，如同传统的拱廊商业街那样。

随着步行者的增加与共同在场，空中庭院也可进一步地为第三方带来创收机会，如作为活动场地和数字媒体。通过提供一种安全的、维护完善的、包容性强、有利于公民社会使用的高质量公共领域，类似于空中庭院这样的空间，可以为房地产带来更高的价值。这种中性空间允许不同的事件、表演或买卖活动在此发生，并使建筑能够在其生命周期内，在社会、政治或经济影响的不断变化下完成适应性的功能转变。随着"Y 世代"首次在信息时代的诞生，空中庭院也可以作为一种媒介交流平台，在客流量的关键节点上为开发商提供额外资源与收入（图73）。正如纽约时代广场或东京新宿这样的高密度环境，通过数字媒体所实现的广告、通信和信息交流，已经使其成为地标性空间。空中庭院也可以采用同样的方式，在此过程中，也有助于加强人们对垂直城市人居的空间认知。

阿罗汉姆·达欧迪（Arham Daoudi）、昌德尼·查达（Chandni Chadha）、伊那兹·艾蒂内亚德（Elnaz Eidinejad）和阿卡什·塞西（Akshay Sethi）所指导学生的设计作品，旨在创作一个由居住功能主导的垂直社区，同时具备各种辅助用途和活动空间，其中包括一所高度低于15层的设计学院，将色彩和艺术形式有机地结合起来（图74）。该设计没有将塔楼的立面颜色限定为蓝色、灰色这种典型的幕墙颜色，而旨在把周围环境的颜色"映射"到每个立面上，将色彩和活力融合起来。于是，建筑南立面呈现出附近"集装箱城"的本色，泰晤士河的蓝色和灰色，圆形穹顶的白色，以及南边居民区的红色、棕色和绿色。这样，每个立面都以一种抽象的方式反映了它所面对的环境。立面上的木质百叶窗不但为居民提供了遮阳功能和私密性，而且创造了一个动态的、不断变化的立面，当百叶窗打开和关闭时，色彩区域被暴露和隐藏。晚上，设计学院的立面作为空白画布，投射电影、学生作品、其他数字广告或进行数字展览，进一步激活建筑的体验，增强其可读性。该设计获得2009/2010金丝雀码头高层建筑设计奖（Canary Wharf Tall Building Design Award）⊖。

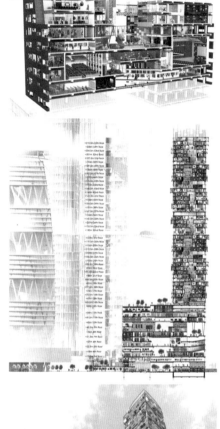

图74 伦敦，色彩泰晤士：融合数字媒体与多种色彩的多功能高层建筑为伦敦带来全天24小时的活力（钱德尼·查达，阿汉姆·达乌迪，埃尔纳兹·艾迪尼贾德和阿克谢·塞西拍摄）

⊖ 菲尔·奥尔德菲尔德（Phil Oldfield）博士访谈，诺丁汉大学，2013年。

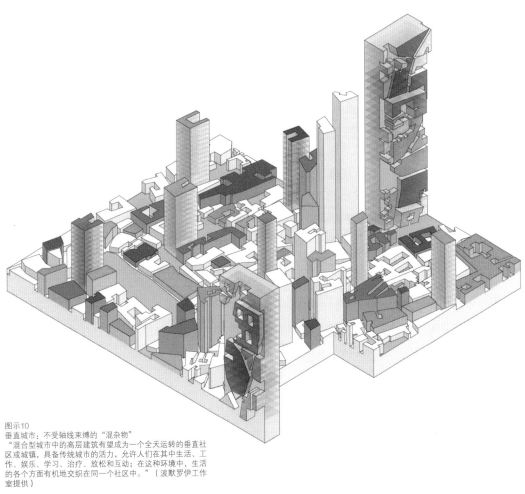

图示 10
垂直城市：不受轴线束缚的"混杂物"
"混合型城市中的高层建筑有望成为一个全天运转的垂直社区或城镇，具备传统城市的活力，允许人们在其中生活、工作、娱乐、学习、治疗、放松和互动；在这种环境中，生活的各个方面有机地交织在同一个社区中。"（波默罗伊工作室提供）

4.2.3 移动是社会的连接剂

空中庭院的设计和空间需求可以通过更多的量化方法进行进一步的解释，比如空间句法，作为一种预测行人移动模式的方法，可以通过在混合型城市的研究来增强社会群体的共同在场。空间句法证明了空间结构配置与行人活动的聚集性相关，并且可以解释其在不同地点的变化，无论是在城市空间还是建筑空间（Hillier, et al, 1993；Peponis, et al, 1989）。这种方法可以对社会模式的多方面进行量化，而并不涉及个体的动机、起源/目标、土地利用或密度、规模、高度和体量，或其他可能产生影响的提示。在此情况下，这种方法为大众群体移动的预测理论提供了一种机制，是基于对个体空间认知的理性选择。行人的移动同样与空间整合度有关（即一个地区的可预测性），而空间整合度本身又与一个区域的可解读性程度相关。希利尔指出，空间的可解读性是主要和次要路线的整合，以及行人对空间的认知理解。空间整合程度越高，行人频繁出现在主要集中轴线上的可能性就越大；空间或轴线也越容易被理解。相反，当空间或轴线的可读性降低，空间整合度和行人移动之间的相关性就会减弱，导致行人会较少地出现在轴线上（图75）。

在高层建筑中空间整合度与行人移动的关联性已经被证明比较薄弱——其可读性在一系列的多层空间中被打破。垂直通道的位置，如电梯、坡道、楼梯或升降机，通常位于平面的深处——与主要集中的轴线比较近（因此具有较高运输量）。这导致了空间的视觉可及性和可读性降低。空中庭院并不总是能够为人们提供驻足、观察和定位的机会，重复的平面配置也弱化了视觉的多样性，而视觉多样性通常可以帮助人们定位自己。如果城

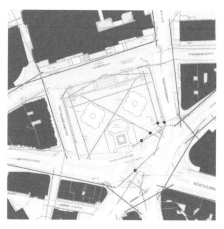

图75 伦敦，特拉法加广场（Trafalgar Square）的空间句法图示：空间句法表明空间结构与行人步行活动的聚集性相关（苏尼塔·布哈尔拍摄）

图 76　巴黎，蓬皮杜中心：建筑的外部扶梯展示了一种新的垂直交通方式，在视觉上与城市居住地相连（拉克尔·古什拍摄）

市空间的可读性指的是空间结构与行人移动及可见性的关系，那么空中庭院同样可以为促进行人移动进行设计，以发展它们作为空中城市过渡空间的潜力，为通过偶然相遇这样的自发性社会互动提高可读性和机会。

空间句法分析将运动和空间作为空中庭院设计过程的核心。这种方法可以作为一种可视化绘制行人行为的预测理论方法，用以判断高层建筑的空中庭院中空间或移动所存在的不足。三维模型中形成的垂直、倾斜与水平循环交通在空中为行人的移动提供了更大自由度的共享空间。使用空间句法还可以通过在空中庭院识别"辅助性"的空间来改进设计，这些空间可以用于休息和疗养、观察、茶歇、事件活动、会议和社交（图 76）。

一系列变量需要进行适当的考虑，以确定空间结构及其运动的三维空间。这意味着如果让空间句法成为一种有效的预测工具，那么垂直的、水平的以及倾斜的交通方式（自动扶梯、电梯、坡道、楼梯）将需要被考虑在估算内，通过加权的方式来反映它们在公共、半公共或私密空间的属性。任何通过机械运输方式的载客量也需要被计算在内（例如升降机厢），以确定从地面到空中庭院以及从空中庭院到更远地方的行人流量（Gabay, et al, 2003；Pusharev, et al, 1975；Pomeroy, 2008）。如果需要真正理解地面上公共或半公共空间以及各个高层建筑中空中庭院的运动模式，混合型城市与人行天桥或广场集合系统之间的连接性也需要模仿停车场结构、地铁和其他辅助系统（在三维模型中通常不被认为是城市网格中的一部分）。

随着越来越多的超级高层建筑被设计超过 80 层，它们与周围其他建筑物在结构上和同步疏散方面的策略性将会增强。这反过来又需要对先进的升降技术与各个建筑物中的空中转换大厅进行整合，为建筑中垂直和倾斜方向的人流移动带来便利。一旦这些机械化的交通方式融入模型中，并克服了楼层地板分离的障碍，重新思考如何通过空间句法在三维空间里评估垂直运动将变得至关重要，而二维的绘图方法将不再能够满足要求。

大卫·卡尔德（David Calder）、马修·布莱恩特（Matthew Bryant）和阿姆瑞塔·乔杜里（Amrita Chowdhury）的学生时期设计项目为伦敦里莫斯（Leamouth）展示了一个新的空中领域，在人行天桥的促进下进一步使移动更为便利。他们不局限于单一塔楼的设计，而是通过详细的天桥和裙楼设计制定出战略性的总体规划。旨在为里莫斯创造一个崭新的城市愿景（图77）。裙楼被构想为伦敦利河谷（Lea Valley）"绿色走廊"的延伸，尝试将基地融入周围环境。在一个整体可居住的绿色屋顶上构想一个全新的公共领域，所有的建筑服务设施和停车系统都位于"地面"层以下。在各个塔楼的较高部分之间建立一个天桥网络，公共领域被提升至空中，并将建筑内所有关键的公共设施连接起来。每座塔楼都配有特定的公共交通工具，通过升降机、自动扶梯或绿色坡道，将底层地面与上方的天桥网络连接起来。天桥被设计成易于现场组装的模块化单元，预制的"零售吊舱"沿着其长边悬挂。最北端的天桥有一个巨大的绿色屋顶，在城市上空约200米处创建了一个公共空中花园，旨在为塔楼的使用者增添更多社交空间。同时也为人们提供额外的交通路线，允许更大自由度的路线选择⊖。

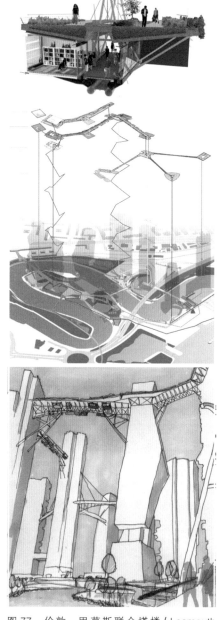

图77 伦敦，里莫斯联合塔楼（Leamouth Linked Towers）：探索天桥设计作为一种加强运动的方式，同时可以提供娱乐和社区配套设施（马修·布莱恩特，大卫·卡尔德和安米塔·乔杜里拍摄）

⊖ 菲尔·奥尔德菲尔德博士访谈，诺丁汉大学，2013年。

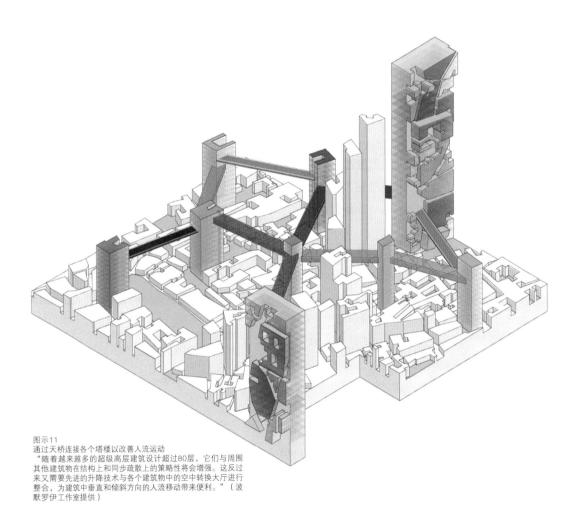

图示 11
通过天桥连接各个塔楼以改善人流运动
　"随着越来越多的超级高层建筑设计超过80层，它们与周围
其他建筑物在结构上和同步疏散上的策略性将会增强。这反过
来又需要先进的升降技术与各个建筑物中的空中转换大厅进行
整合，为建筑中垂直和倾斜方向的人流移动带来便利。"（波
默罗伊工作室提供）

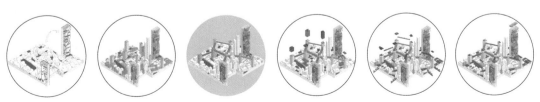

4.2.4 垂直城市领域中技术性和工艺性的思考

城市的高密度化不仅催生出由多功能结构与社会空间组成的新型混合城市，而且还促进了现有屋顶空间的可持续民主化和上空所有权。在香港的土地表面积中，只有不到 25% 是可开发的，陡峭多石的地形和沼泽地的约束下导致城市密度高达每平方公里 29,400 人，使香港成为世界上最高密度的城市之一（Ng，2010）。由于房价过高，不符合规划或建筑控制要求的非法屋顶搭建物仍然被部分低收入家庭长期使用，他们面临社会的困境并很难融入香港的富人社区（Sinn，1987；Chui，2008）（图 78）。

但是，这些通过屋顶和上空的使用权来增加密度的议题也在法律方面得到了探讨。在荷兰，340 万公顷的土地表面积中有 190 万公顷（约占 55.8%）被指定用于农业生产，从而影响了卫星城建设的可能性（Sukkel，et al，2009）。因此，无论研究还是商业项目都试图探索荷兰屋顶上"加盖"的可能性，并因此创造了一个崭新的空中建筑领域，寻求通过增加城市密度的方式来实现更大的容积率，而不需要拆除和重建现有的城市结构（Melet，et al，2005）。鹿特丹的"桥梁"（The Bridge）项目恰如其分地说明了这一点，以及如何进一步将屋顶物业的补充扩建作为增加城市密度的一种可接受的法律手段（图 79）。然而，尽管利用屋顶空间和上空使用权的合法化建议被证明是一种替代方法，但在一般的欧洲城市中，仍然会面对一定程度的社会和物质层面上的挑战。保护主义章程减弱了欧洲的建筑物在其坚固的实体结构中功能的可变性，而且它们也很难通过屋顶上的结构进行可适应性的调节。此外，建筑入口的问题可能会降低其本身的使用效率，而且可能使翻修费用

图 78　香港，九龙城寨：一个非法屋顶的扩建成为社会边缘化人群住宅的例子（伊恩·拉姆勃特拍摄）

图 79　鹿特丹，"桥梁"（The Bridge）：一个合法利用上空使用权以增加城市密度的例子（钯光设计提供）

图 80　伊利诺斯州，蓝十字蓝盾总部（Blue Cross Blue Shield HQ）：一个"向上"的建筑案例，通过对现有结构在垂直方向的扩建来优化建筑占地面积（芝加哥大奖赛提供）

昂贵，特别是如果不同的使用功能彼此竖向叠加，将需要设置单独的竖向入口。

　　尽管如此，经历了拆除和重建过程的后殖民城市（因此具备可能更新的建筑结构和更多屋顶加建的可能性）可以为这种应用提供机会。与中国香港一样，新加坡面临着所处岛屿空间的限制。新加坡的城市密度为每平方公里 8,350 人，同时人口仍然不断增长，从 2010 年的 498 万人预计增长到 2050 年的 550 万人⊖。为了满足人口增长所带来的居住问题，城市的容积率需要不断增加，同时为了提高城市密度，昂贵的拆迁工程也需要不断开展。然而，如果现存的住宅发展需要保持一定的结构完整性，并且其现有的基础设施可以适当地满足局部的垂直扩建，在屋顶开发建筑可以成为对现有建筑拆除和重建的另一个替代性选择（图 80）。开发上空使用权和屋顶空间将成为增加城市中心密度的一种额外的解决方法，这一方法可以利用现有能源系统，最大限度地使用现有公共基础设施以及减轻在发展开放空间上的压力。

　　关于加强现有屋顶的结构和基础服务设施的技术性思考还需要结合技术规范，以便为新的垂直城市领域提供思路。技术规范控制着空中庭院、空中花园及其垂直方向上基础设施的设计、建造与维护，应通过立法予以加强，确保建成区域中可提供的开放空间的最低标准，以此作为获得规划许可的先决条件。这一方法在法律上旨在通过发展本地的规划政策重新解决地面公共空间损失的问题，或以公共 / 私人协议的形式对地方政府 / 自治区 / 城市做出贡献。立法还可以将管理空中空间的责任移交给公共机构，其方式类似于让税收资助的团体和

⊖ 源自 www.singstat.gov.sg。

服务机构来资助和维护街道、人行道以及地下设施。

　　钱飞（Fei Qian）的学生的设计项目是关于城市中一系列停车场的结构设计，旨在解决过度使用化石燃料驱动的私家汽车所带来的环境问题（图81）。受到马斯达尔城（Masdar City）关于全电动无人驾驶汽车提议的启发，该设计项目设想了在阿布扎比的未来，全电动车的计划已经扩展至整个城市，居民每日的出行将使用停在巨大垂直型停车场里的汽车。此塔楼本身就是这样一个停车场所，容纳了200套公寓和750辆汽车，汽车停放在中央庭院的三个自动平台上。这种垂直型停车策略将为城市提供最大的停车密度，可以替代目前分布在阿布扎比城中的数百个无遮阳的地面停车场，以供未来的建筑开发，从而创造一个更密集、更集中的城市。此外，塔楼还通过在南、东、西立面上集成的19,000平方米的太阳能板，为所有汽车提供能源，最大限度地利用了中东地区的太阳高辐射。这些太阳能板也为北朝向的公寓和通高的中庭提供遮阳，在这里，居民、科研人员以及游客都可以观看到自动停车的全过程〇。

图81　阿布扎比，太阳能停车场：一个自动化停车场结构将光伏电池集成为全市的能源发电机（钱飞拍摄）

〇 菲尔·奥尔德菲尔德博士访谈，诺丁汉大学，2013年。

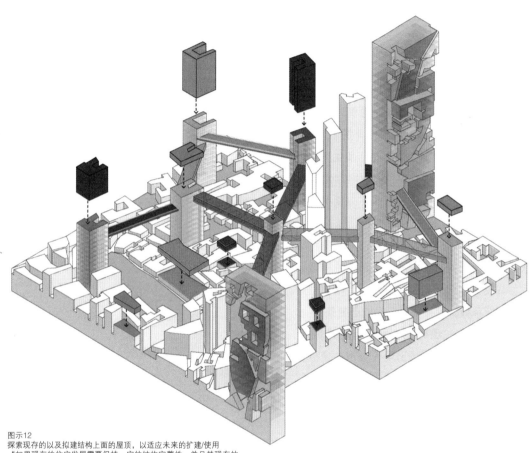

图示12
探索现存的以及拟建结构上面的屋顶，以适应未来的扩建/使用
"如果现存的住宅发展需要保持一定的结构完整性，并且其现有的
基础设施可以适当地满足局部的垂直扩建，在屋顶开发建筑可以成
为对现有建筑拆除和重建的另一个替代性选择。开发上空使用权和
屋顶空间将成为增加城市中心密度的一种额外的解决方法"。
（波默罗伊工作室提供）

4.2.5 通过更多量化手段实现城市生活环境的绿化

未来城市不但面临着需要降低城市过高的温度，为人们提供适宜居住的社会场所，同时还必须提供大量的食物维持全球人口的增长，预测未来全球人口将会从2012年的64亿人增长到2050年的92亿人（UNFPA，2007）。虽然目前专门用于农产品生产的土地面积可以满足当前的粮食需求，但还需要增加大约109公顷的耕地（比巴西领土面积还大20%）才能有效解决未来增长人口的食物需求（Despommier, et al, 2008）。由于现有的可种植区域可能会被城市化进程耗尽，因此需要通过探索更多倾斜方向和垂直方向的种植面来绿化城市生活环境，这将成为生物多样性、粮食生产、高温和雨水拦截以及减少污染所需空间的必要条件。

城市农业和现有屋顶的农业生产开发，会越来越多伴随着垂直城市农场出现在城市中未被充分利用的地方。这些农场可作为再生的催化剂提供全年的有机食品生产。农业的城市化进程根除了对杀虫剂和肥料的使用需求并使农田回归到自然状态，从而有助于生态系统的恢复。由于垂直农场可控的内部条件，这种方法还降低了因天气原因作物歉收的风险，并且可以通过消除农业机械和运输的需求以减少对化石燃料的使用。来自农业过程的副产品，例如甲烷，也可以用作替代能源维持当地社区的能源需求（图82）。根据作物种类的不同，室内1英亩（1英亩=4046.856平方米）土地生产量相当于户外4~6英亩土地生产量，从而有助于分散粮食生产并及时满足当地社区的需求（Despommier, et al, 2008）。这些因素在某种程度上可以平衡社会、经济以及未来城市中文化和空间错综复杂的环境参数，一种可

图82 纽约，本土农产品幻想曲（Locavore Fantasia）：一个垂直农业项目，将移居农民的住房纳入阶梯状的露台设计，以及下面设置的农贸市场（WORKac 建筑事务所提供）

图 83 绿色容积率：生态学术语，一种可量化的规划指标，根据叶面积指数赋予草地、棕榈、灌木和树木相关数值（波默罗伊工作室提供）

量化的和构造性的种植方法还可以测量并减轻因高密度发展产生的不利气候的影响。

基于表面的绿化面积为特定植物分配一定的数值，绿色容积率（green plot ratio）可以解决相关问题。这是通过调整叶面积指数（leaf area index：LAI）来实现的——一种用于监测自然生态系统中生态健康，并建立数学模型和预测代谢过程的生物学参数（Ong，2003）。例如，一个项目的开发需要移除 12 棵树和大量的草地（因此有一个特定的绿色容积率），可能导致绿色植物数量的减少。但通过替代性的方式种植不同类型的植被（例如垂直或倾斜面种植的灌木），将弥补之前移除的 12 棵树和草地中包含的相同的"绿色价值"，以确保相同的绿叶面积返还到项目地块并把社会、经济和环境的利益联系起来。因此，绿色容积率可以被用作生态学术语中可量化的规划指标，最终将提供保水性、碳回收和减少空气污染的相关值。它还可测量热岛效应减少的程度，以及在不同种植类型的环境特征下，建筑构造吸收的热量和随后再次辐射的热量。

根据叶面积指数，草坪、棕榈、灌木以及其他树种被赋予了不同的绿色容积率。草坪的绿色容积率最低，因为一片草叶的叶面积指数小于其他种类。尽管树木的结构更大，但它们的叶面积指数仍然小于灌木，因为灌木叶子覆盖密度最高，所以拥有最高的叶面积指数。把种植融入混合城市空中庭院和空中花园的设计中，将在人造景观与自然环境中达到完美的平衡。同时通过使用绿色容积率作为"实用工具"，能提供一种构造性的方法管理"每一平方米"种植模块的环境效益，包括相关的绿色容积率、成本、环境绩效指标等（图 83）。最终为未来城市建筑提供一个能平衡建筑与景观的，更客观可持续化的设计愿景（图 84）。

　　马修·汉弗莱（Matthew Humphreys）的学生所设计的项目中有一系列为新加坡设计的垂直农场，这些设计考虑了在高密度城市环境内的垂直农业与食物的可持续性。这个城市型国家高度依赖进口粮食来解决食物需求，97% 的粮食源自进口，只有占全国土地总量 1% 的土地用于农业。设计主体由一个细长的塔楼组成，最长的一侧面向东西方向，能够最大限度地获取太阳辐射以促进植物的生长。农民的公寓集中在南北两侧。塔楼的中心是一个 ETFE 膜覆盖的中庭，提供鱼类和食品生产的复合养殖系统。鱼会产生富含氨的废物，其中大部分是有毒的，所以必须去除。水箱中的细菌将含氨的废物分解为硝酸盐并被植物根部吸收利用。这一过程过滤了水并能为植物施肥。最终，在有整栋建筑高的特制烟囱中，鱼被做成熏制鱼。结构上，塔楼由大型复合结构支架支撑，这样的结构使得建筑底部可以开放成充满活力的市场[⊖]。

图 84　新加坡，垂直农场：塔楼作为食物生产地给当地社区提供食物（马修·汉弗莱斯拍摄）

⊖ 菲尔·奥尔德菲尔德博士访谈，诺丁汉大学，2013 年。

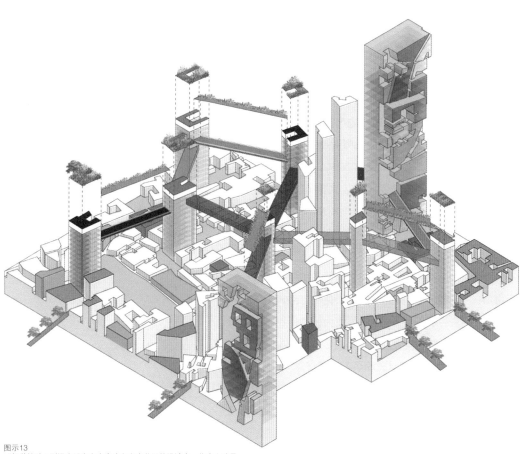

图示13
"把种植融入到混合城市空中庭院和空中花园的设计中，将在人造景观与自然环境中达到完美的平衡。同时通过使用绿色容积率作为'实用工具'，将提供一种构造性的方法管理'每一平方米'种植模块的环境效益，包括相关的绿色容积率、成本、环境绩效指标等。"（波默罗伊工作室提供）

4.2.6　（混合型）城市的文化

文化上的认同，无论是出于种族、年龄、性别还是国籍，都需要一个平台，在这个平台上文化"场景"可以通过人们之间联系的纽带而发展，同时可以帮助塑造公共领域。正如戏剧表演可能有各种各样的情节和变化的场景那样，并在叙事过程中不断地丰富起来，城市也有各种不断变化的文化场景，这些场景是在空间和时间上由不同团体创造、改变、加强及解散的（Blum，2003）。这样的场景，例如锡耶纳赛马节，会随着时间的推移而变得丰富，并随着文化的更迭而不断协调发展。他们可能将自己的痕迹烙印在一个城市的结构中，并有助于定义一个地方的文化（图85）。

图85　锡耶纳，赛马节（The Palio）：传统节日丰富了城市结构中的地方文化（米歇尔·德斯蒂诺拍摄）

尽管过去文化的残余以及由它们塑造的空间对现在产生了影响，但传统城市及其人民在文化上已经超越了这些公共广场原有的功能，不只是为了成为公共辩论和表达身份的焦点空间。根据学者沙龙·祖金（Sharon Zukin）的说法，受过教育的城市居民和游客渴望寻求"古老"或"真实"的古建筑、保存完好的公共空间、市场和老式的家族商店，这些可以带来特殊的体验（Zukin，2011）。无论是塞达尔的巴塞罗那八角形庭院街区，还是奥斯曼的巴黎线状林荫大道，这些设计定义了一个地方的空间和文化，为当代或后代更好的生活保留了鲜明和充满回忆的特征。

传统城市常常与现代城市共存——前者的保留使得游客们能够在寻求地方文化的过程中追溯历史和体验怀旧之情。这些公共空间通常与古老的市民文化、宗教、文化场所和古建筑的实践联系在一起，重现了昔日的"真实"。图书馆、教堂、博物馆或文化节日只是其中一些类型或发生事件的地方。另一方面，现代城市的文化并不一定要体现传统。在这种情景下，祖金主张把博物馆、商场、

图 86　也门，新希巴姆：一个具有文化敏感性的高层设计重新诠释了 500 年的历史（上图：纳吉尔·冈努尔拍摄；中图：索哈·希伯德拍摄；下图：法希梅·苏丹尼拍摄）

主题公园和餐馆作为新的"现代性公共空间"。在为城市中产阶级乡绅化文化做出贡献的过程中，这些空间体现了占主导地位的私有化经济体是如何维护自己文化的，从而为社会以及控制权重新塑造建筑环境和公共空间（祖金，1996）。复制过去的公共空间及其功能，因其诞生于社会、经济和文化的发展过程，是一个可能需要几个世纪而不是几十年的演化过程，并不是形成文化认同的正确方法。这种复制过程既不会促进"真实性"，也不能为我们当前这一代人对技术的接受或对全球流行文化的接受做出回应，因此不需要实体上的共存，但可以在公共场合以虚拟的形式共存。不管怎样，在空间中尊重人们的传统和现代社会的实践是我们应该考虑的本质因素。

　　纳吉拉·冈努尔（Najla Gunnur），索哈·希伯德（Soha Hirbod）和法希梅尔·索尔塔尼（Fahimeh Soltani）的学生们所设计的项目是从有 500 年历史的也门希巴姆市中的本土案例中汲取灵感（图 86）。希巴姆经常被称为"沙漠中的曼哈顿"，是一座由宏伟的城墙和泥制塔楼组成的城市，有些塔楼高达 11 层，其下面是迷宫式的巷道和阴凉的庭院。该设计对当地恶劣的气候做出了回应，并以现代和当代的方式重新诠释了历史上的建筑类型。设计包含一系列坚固而细长的塔楼，围绕在开放但阴凉的庭院周围。巷道系统提供的交通流线不会干扰内部景观，从而保证居住者的隐私——这也是该设计的一个重要考虑因素。"雕刻"在大片建筑群体中的空中庭院面向大海，享受着海风与美景。屋顶的空中花园可作为社交、玩乐甚至放风筝的补充场所⊖。

　　此时可以看出，空中空间模式的转变方式的可能性，以及它们在垂直和倾斜方向上的交通方式，不可能完全由国家管控。现实是，如果一开始就将这些替代性的社

⊖ 菲尔·奥尔德菲尔德博士访谈，诺丁汉大学，2013，泥塔围城（walled city of mudtowers）。

交空间视为新的文化焦点，便可以孕育出更多公共领域的特征。这当然要经过不断的调和。如果将过多的责任交给大型企业、团体或个人，在他们持续赞助的文化活动中可能会导致日益剧烈的文化消费现象。然而明显的公众干预又会导致文化的贫乏甚至空间的冗余。因此，在设计过程和随后的管理中，公共和私人利益之间需要保持更紧密的共生关系，以确保文化不仅仅是一个企业、团体、个人或国家信仰的单一性表达。它更意味着公共和私人利益之间的结合，这与土地所有者无偿地向城市提供空间和社会项目的方式相类似。

　　空中庭院和空中花园为半公共空间的创造提供了完美的范例，带来许多文化上的益处。在新型混合城市中，它们的存在可以成为互动交流的公共指向标和焦点。也可以包含博物馆、画廊、甚至宗教场所和其他城市功能，以一种类似的方式与这些元素相结合，可以为临近的街道或广场的生活做出贡献（图87）。它们可以被视为新型的空中的"现代公共场所"，并接受成为私有化建造的现实，是将私共利益与国家利益结合起来的颠覆性创新。

　　最成功的公共空间，根据彼得·格·罗（Peter G Rowe）的观点，"诞生于公民社会和国家的共同价值观之下，公民可以参与公共活动和相互讨论，以及与国家探讨关于公共利益的问题……当情况最佳时，这些利益往往是趋同的，因为许多机构和其他团体可以越过国家和公民社会的分界并找到一些共同之处，从而创造出一些公众的东西"（Rowe，1997）。随着政府立法授权，空中庭院和空中花园的民主化进一步提高，它们将可能建造在私有建筑内部或顶部，以达到私有利益和公共利益的互利共生，最终帮助空中庭院和空中花园实现大众化，并在21世纪的混合型城市中获得更多的市政拨款。

图 87　成都，莱福士广场：空中庭院作为一种新的文化焦点包含了私共利益和国家利益（何舒拍摄）

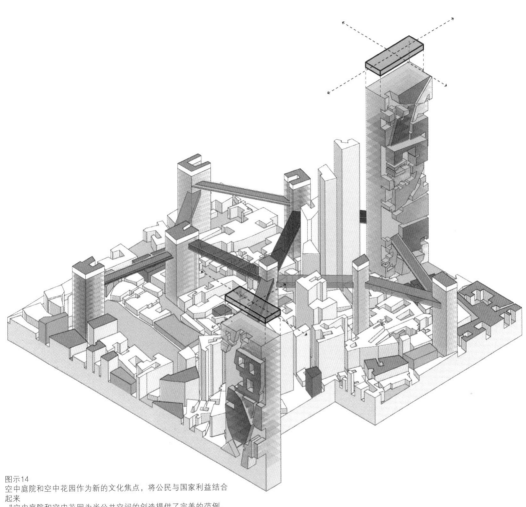

图示14
空中庭院和空中花园作为新的文化焦点，将公民与国家利益结合
起来
　　"空中庭院和空中花园为半公共空间的创造提供了完美的范例，
带来许多文化益处。在新型混合城市中，它们的存在可以成为互
动交流的公共指向标和焦点。"（波默罗伊工作室提供）

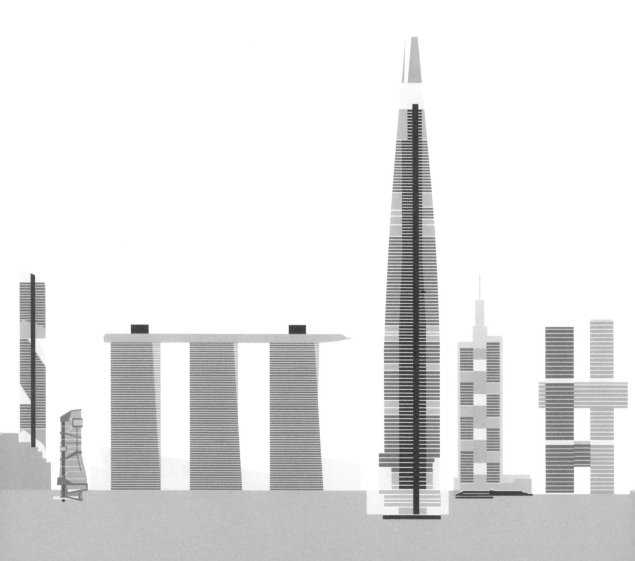

作者简介

　　杰森·波默罗伊教授是一位在建成环境可持续设计前沿的获奖建筑师、规划师和学者，他以优异成绩毕业于英国坎特伯雷建筑学院和剑桥大学，是总部设于新加坡的波默罗伊设计工作室的创建人，他以往的获奖项目跨越了规模和学科，包括"观念住宅"（东南亚第一座零碳原型住宅）、马尼拉特朗普大厦（菲律宾最高的住宅塔楼）、马来西亚吉隆坡的宏愿谷（一座占地8万英亩的网络式花园城市）等。除了引领波默罗伊设计工作室的设计和研究方向，他还在世界各地演讲并著述。他著有《观念住宅：未来热带住居的今日》一书，也是英国诺丁汉大学的客座教授，他还是世界高层建筑与都市人居学会（CTBUH）的编委会成员。

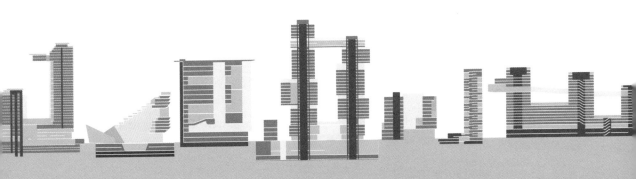

参考文献

Alexandri, E. and Jones, P. (2008). 'Temperature decreases in an urban canyon due to green walls and green roofs in diverse climates', in *Building and Environment*, vol. 43, no. 4, April, pp480–493

Arnfield, A.J., Herbert, J.M. and Johnson, G.T. (1999). 'Urban canyon heat source and sink strength variations: a simulation–based sensitivity study', in *Congress of Biometeorology and International Conference on Urban Climate*, WMO, Sydney

Baker, N. and Steemers, K. (2000). *Energy and Environment in Architecture: A Technical Guide*, London: Taylor & Francis

Ballard, J.G. (2003). *High Rise*, London: Flamingo

Banham, R. (1976). *Megastructure: Urban Futures of the Recent Past*, New York: Harper & Row

Banham, R. (1984). *The Architecture of the Well-Tempered Environment*, Chicago: University of Chicago Press

Barghusen, J.D. and Moulder, B. (2001). *Daily Life in Ancient and Modern Cairo*, Minnesota: Twenty-First Century Books

Bay, J.H. (2004). 'Sustainable community and environment in tropical Singapore high rise housing: the case of Bedok Court condominium', in *Architectural Research Quarterly*, vol. 8, no. 3/4, pp333–343

Behrens-Abouseif, D. (1992). *Islamic Architecture in Cairo*, Leiden: Brill Academic Publishers

Best, U. and Struver, A. (2002). *The politics of place: critical of spatial identities and critical spatial identities*, Tokyo: International Critical Geography Group

Betsky, A. (2005). 'Preface' in *Rooftop Architecture*, eds Melet, E. and Vreedenburgh, E., Rotterdam: NAI Publishers, pp7–8

Blum, A.F. (2003). *The Imaginative Structure of the City*, Montreal: McGill-Queen's Press

Burge, P.S. (2004). 'Sick Building Syndrome', in *Occupational and Environmental Medicine*, vol. 61, no. 2, pp185–190

Cheng, V. (2010). 'Understanding density and high density', in *Designing High-Density Cities for Social and Environmental Sustainability*, ed. Ng, E., London: Earthscan, pp3–17

Chiang, K. and Tan, A. (2009). *Vertical Greenery for the Tropics*, Singapore: National Parks Board

Chui, E. (2008). 'Rooftop housing in Hong Kong: an introduction', in *Portraits from Above: Hong Kong's Informal Rooftop Communities*, eds Wu, R. and Canham, S., Berlin: Peperoni Books, pp246–259

Commission for Architecture and the Built Environment (2007). *Guidance on Tall Buildings*, London: CABE

Council on Tall Buildings and Urban Habitat (2011). 'The tallest 20 in 2020: entering the era of the megatall' in *CTBUH Press Release*, December, pp1–7

Council on Tall Buildings and Urban Habitat (2012). 'Tall buildings in numbers', in *CTBUH Journal*, no. 1, pp36–38

Currie, B.A. and Bass, B. (2010). 'Using green roofs to enhance biodiversity in the City of Toronto', a discussion paper prepared for Toronto City Planning, Toronto, Canada

Daley, R.M. and Johnson, S. (2008). 'Chicago: building a green city', in *Congress Proceedings, Tall and Green: Typology for a Sustainable Urban Future*, Council on Tall Buildings and Urban Habitat 8th World Congress, 3–5 March, Dubai, pp23–25

Davey, P. (1997). 'High expectations', in *Architectural Review*, vol. 202, no. 1205, July, pp26–39

Dennis, M. (1986). *Court and Garden*, Boston: The MIT Press

Despommier, D. and Ellingsen, E. (2008). 'The vertical farm: the skyscraper as vehicle for a sustainable urban agriculture', in *Congress Proceedings, Tall and Green: Typology for a Sustainable Urban Future,* Council on Tall Buildings and Urban Habitat 8th World Congress, 3–5 March, Dubai, pp311–317

Dirzo, R. and Mendoza, E. (2008). 'Biodiversity', in *Encyclopedia of Ecology*, eds Jorgensen, S.E. and Fath, B., Amsterdam: Elsevier BV, pp368–377

Evans, G.W. (2003). 'The built environment and mental health', in *Journal of Urban Health*, vol. 80, no. 4, pp536–555

Frampton, K. (1992). *Modern Architecture: A Critical History*, London: Thames & Hudson

Field, B.G. (1992). 'Public space in private development' in *Public Space: Design, Use and Management*, eds Chua, B.H. and Edwards, N., Singapore: Singapore University Press, pp104–114

Gabay, R. and Aravot, I. (2003). 'Using space syntax to understand multi-layer, high-density urban environments', in Proceedings, *4th International Space Syntax Symposium*, London, pp73.1–18

Geist, G.F. (1983). *Arcades: A History of a Building Type*, Boston: The MIT Press

Gotze, H. (1988). 'Roof planting from a constructional viewpoint', in *Garten und Landschaft*, vol. 98, no. 10, pp49–51

Habermas, J. (German (1962) English translation (1989) Thomas Burger). *The Structural Transformation of the Public Sphere: An Inquiry into a Category of Bourgeois Society,* Boston: The MIT Press

Haemmerle, F. (2002). *Der Markt für grüne Dächer wächst immer weiter,* Jahrbuch Dachbegrünung, 2002, pp11–13

Hall, P. (2002). *Cities of Tomorrow*, London: Blackwell

Hillier, B. and Hanson, J. (1984). *The Social Logic of Space*, Cambridge: Cambridge University Press

Hillier, B. and Hanson, J. (1987). 'The architecture of community: some new proposals on the social consequences of architectural and planning decisions', in *Architecture and Behaviour*, vol. 3, no. 3, pp249–273

Hui, S.C.M. and Chan, K.L. (2011). 'Biodiversity assessment of green roofs for green building design' in *Proceedings of Joint Symposium 2011: Integrated Building Design in the New Era of Sustainability,* 22 November 2011, Kowloon, Hong Kong, pp10.1–10.8

Jencks, C. (2002). *The New Paradigm in Architecture: The Language of Post-Modernism*, New Haven, CT: Yale University Press

Johnston, J. and Newton, J. (2004). *Building Green: A Guide to Using Plants on Roofs, Walls and Pavements*, London: Greater London Authority

Jusuf, S.K., Wong, N.H., Hagen, E., Anggoro, R. and Hong, Y. (2007). 'The influence of land use on the urban heat island in Singapore', in *Habitat International*, vol. 31, no. 2, June, pp232–242

Kaiser, H. (1981). 'An attempt at low-cost roof planting', in *Garten und Landschaft*, vol. 91, no. 1, pp30–33

Kaplan, S. (1995). 'The restorative benefits of nature: toward an integrative framework', in *Journal of Environmental Psychology*, issue 15, pp169–182

Kohn, M. (2004). *Brave New Neighborhoods: The Privatization of Public Space*, Routledge: New York

Kuo, F.E., Sullivan, W.C., Coley, R.L. and Brunson, L. (1998). 'Fertile ground for community: inner-city neighborhood common spaces', in *American Journal of Community Psychology*, vol. 26, no. 6, pp823–851

Lozano, E. (1990). *Community Design and the Culture of Cities*, Cambridge: Cambridge University Press

McMillan, D.W. and Chavis, D.M. (1986). 'Sense of community: a definition and theory', in *American Journal of Community Psychology*, vol. 14, no. 1, pp6–23

Madanipour, A. (1998) 'Social exclusion in European cities: processes, experiences and responses', in *The City Reader*, eds LeGates, R.T and Stout, F., London: Routledge, pp181–188

Martin, L. and March, L. (1972) (gen eds). *Urban Space and Structures*, Cambridge: Cambridge University Press

Mason, R.B. (1995). *Muqarnas: Annual on Islamic Art and Architecture*, Leiden: Brill Academic Publishers

Mawhinney, M. (2002). *Sustainable Development: Understanding the Green Debates*, Hoboken, NJ: John Wiley & Sons

Melet, E. and Vreedenburgh, E. (2005). *Rooftop Architecture*, Rotterdam: NAI Publishers

Moore, E.O. (1982). 'A prison environment's effect on health care service demands', in *Journal of Environmental Systems*, vol. 11, no. 1, pp17–34

National Library Board of Singapore (2008). *Redefining the Library*, Singapore: NLB

Newman, O. (1972). *Defensible Space: Crime Prevention through Urban Design*, New York: Macmillan

Newman, O. (1980). *Community of Interest, Garden City*, New York: Anchor/Doubleday

Ng, E. (2010). 'Preface', in *Designing High-Density Cities for Social and Environmental Sustainability*, ed. Ng, E, London: Earthscan, pp xxxi–xxxv

OECD (2012). *Compact City Policies: A Comparative Assessment*, OECD, France

Oldfield, P., Trabucco, D. and Wood, A. (2008). 'Five energy generations of tall buildings: a historical analysis of energy consumption in high rise buildings', in *Congress Proceedings, Tall and Green: Typology for a Sustainable Urban Future*, Council on Tall Buildings and Urban Habitat 8th World Congress, 3–5 March, Dubai, pp 300–310

Ong, B.L. (2003). 'Green plot ratio: an ecological measure for architecture and urban planning', in *Landscape and Urban Planning*, vol. 63, no. 4, May, pp197–210

Osmundson, T. (1999). *Roof Gardens: History, Design and Construction*, New York: WW Norton

Peck, S., Callaghan, C., Kuhn, M. and Bass, B. (1999). *Greenbacks from green roofs: forging a new industry*, Canada: Canada Mortgage and Housing Corporation

Peponis, J., Hadjinikolaou, E.(1989). 'The Spatial Core of Urban Culture', in *Ekistics*, no. 1 pp334-335

Per, A.F., Mozas, J. and Arpa, J. (2011). *This is Hybrid*, Vitoria-Gasteiz: A+T Architecture Publishers

Petersen, A. (1999). *Dictionary of Islamic Architecture*, New York: Routledge

Pomeroy, J. (2005). 'The skycourt as the new square: a thesis on alternative civic spaces for the 21st century', unpublished M. St. thesis, University of Cambridge

Pomeroy, J. (2007). 'The skycourt a viable alternative civic space for the 21st century?', in *CTBUH Journal*, no. 3, pp14–19

Pomeroy, J. (2008). 'Skycourts as transitional space: using space syntax as a predictive theory', in *Congress Proceedings, Tall and Green: Typology for a Sustainable Urban Future*, Council on Tall Buildings and Urban Habitat 8th World Congress, 3–5 March, Dubai, pp580–587

Pomeroy, J. (2009). ' The skycourt a comparison of 4 case studies', in *CTBUH Journal*, no. 1, pp28–36

Pomeroy, J. (2011). 'High density living in the Asian context', in *Journal of Urban Regeneration and Renewal*, vol. 4, no. 4, pp337-349

Pomeroy, J. (2012a). 'Greening the urban habitat Singapore', in *CTBUH Journal*, no. 1, pp30–35

Pomeroy, J. (2012b). 'Room at the Top - The Roof as an Alternative Habitable / Social Space in the Singapore Context', in *Journal of Urban Design*, vol. 17, no. 3, pp413-424

Pusharev, B. and Zupan, J. (1975). *Urban Space for Pedestrians*, Boston: The MIT Press

Puteri, S.J. and Ip, K. (2006). 'Linking bioclimatic theory and environmental performance in its climatic and cultural context an analysis into the tropical highrises of Ken Yeang', in *PLEA 2006, 23rd Conference on Passive and Low Energy Architecture*, Geneva, Switzerland, 6–8 September 2006

Redlich, C.A., Sparer, J. and Cullen, M.R. (1997). 'Sick Building Syndrome', in *The Lancet*, vol. 349, no. 9057, pp1013–1016

Rizwan, A.M., Dennis, L.Y.C. and Liu, C. (2008). 'A review on the generation, determination and mitigation of Urban Heat Island', in *Journal of Environmental Sciences,* vol. 20, no. 1, pp120–128

Roaf, S. (2010). 'The sustainability of high density' in *Designing High-Density Cities for Social and Environmental Sustainability*, ed. Ng, E., London: Earthscan, pp27–39

Roaf, S., Crichton, D. and Nicol, F. (2009). *Adapting Buildings and Cities for Climate Change: A 21st Century Survival Guide*, London: Architectural Press

Rowe, C. and Koetter, F. (1978). *Collage City*, Boston: The MIT Press

Rowe, P.G. (1997). *Civic Realism*, Boston: The MIT Press

Ryan, C.M. and Morrow, L.A. (1992). 'Dysfunctional buildings or dysfunctional people: an examination of the sick building syndrome and allied disorders', in *Journal of Consulting and Clinical Psychology*, vol. 60, no. 2, pp220–240

Sennett, R. (1976). *The Fall of Public Man*, London: Faber & Faber

Shibata, S. and Suzuki, N. (2002). 'Effects of the foliage plant on task performance and mood', in *Journal of Environmental Psychology*, vol. 22, no. 3, pp265–272

Siksna, A. (1998). 'City centre blocks and their evolution: a comparative study of 8 American and Australian CBDs', in *Journal of Urban Design*, vol. 3, no. 3, pp253–284

Sinn, E. (1987). 'Kowloon walled city: its origin and early history', in *Journal of the Hong Kong Branch of the Royal Asiatic Society*, vol. 27, pp30–31

Sudjic, D. (2005). *The Edifice Complex*, London: Penguin

Sukkel , W., Hommes, M. (2009). *Research on agriculture in the Netherlands. Organisation, methodology and results*, Wageningen University, and Louis Bolk Institute

Tauranac, J. (1997). *Empire State: The Making of a Landmark*, New York: St Martins Griffin

Tomlinson, J. (1999). *Globalisation and culture*, Cambridge: Polity press

Tremewan, C. (1994). *The Political Economy of Social Control in Singapore*, London: Macmillan

Ulrich, R.S. (1981). 'Nature versus urban scenes: some psycho-physiological effects', in *Environment and Behavior*, vol. 13, no. 5, pp523–556

Ulrich, R.S. (1983). 'Aesthetic and affective response to the natural environment', in *Human Behaviour and Environment: Advances in Theory and Research*, eds Altman, I. and Wohlwill, J.F., New York: Plenum, pp85–125

Ulrich, R.S. (1986). 'Human responses to vegetation and landscapes', in *Landscape and Urban Planning*, vol. 13, no.1, pp29–44

Ulrich, R.S., Simons, R.F., Losito, B.D., Fiorito, E., Miles., M.A. and Zelson, M. (1990). 'Stress recovery during exposure to natural and urban environments', in *Journal of Environmental Psychology*, vol. 11, no. 3, pp201–230

UNFPA (2007). *State of World Population 2007: Unleashing the Potential for Urban Growth*, New York: UNFPA

URA (2008). *Government Circular on Communal Landscaped Terraces, Sky Terraces and Roof Terraces*, Singapore: Urban Redevelopment Authority

Vollers, K. (2009). 'The CAD-tool 2.0 morphological scheme of non-orthogonal high rises', in *CTBUH Journal*, no. 3, pp38–49

Watkin, D. (2005). *A History of Western Architecture*, New York: Watson-Guptill Publications

Watts, S. (2010). 'The economics of high-rise', in *CTBUH Journal*, no. 3, pp44–45

Webb, M. (1990). *The City Square*, London: Thames & Hudson

Wong, N.H. and Chen, Y. (2006). 'The urban heat island effect in Singapore', in *Tropical Sustainable Architecture: Socio-Environmental Dimensions*, eds Ong, B.L. and Bay, J.H., London: Architectural Press, pp 181–200

Wong, N.H., Wong, V.I., Chen, Y., Soh, J., Ong, C.I. and Sia, A. (2003). 'The effects of a rooftop garden on energy consumption of a commercial building in Singapore', in *Energy and Buildings*, vol. 4, no. 35, pp353–364

Wong, N.H., Tan, A.Y.K., Tan, P.Y. and Wong, N.C. (2009). 'Energy simulations of vertical greenery systems', in *Energy and Building* , vol. 12, no. 41, pp1401–1408

Wong, N.H., Tan, A.Y.K., Tan, P.Y., Chiang, K. and Wong, N.C. (2010). 'Acoustics evaluation of vertical greenery systems for building walls', in *Building and Environment*, vol. 45, no. 2, pp 411–420

Wood, A. (2003). 'Pavements in the sky: use of the skybridge in tall buildings', in *Architectural Research Quarterly (ARQ)*, vol. 7, no. 3/4, pp325–333

Wood, A. (2009). 'Singapore visit, August 2009', in *CTBUH Journal*, no. 3, pp52–56

World Commission on Environment and Development (Brundtland report)(1987). *Our Common Future*, Oxford: Oxford University Press

Yeang, K. (2002). *Reinventing the Skyscraper*, Hoboken, NJ: Wiley Academic

Zimrig, C. (1983). 'The built environment as a source of psychological stress: impacts of buildings and cities on satisfaction and behaviour' in *Environmental Stress*, ed. Evans, G.W., Cambridge: Cambridge University Press, pp151–178

Zukin, S. (1996). *The Cultures of Cities*, London: Blackwell

Zukin, S. (2011). *Naked City: The Death and Life of Authentic Urban Places*, Oxford: Oxford University Press